DELIUS KLASING

FLORIAN HAYMANN

MOUNTAINBIKES

AUSWAHL | WARTUNG | FAHRTECHNIK

DELIUS KLASING VERLAG

Inhalt

Vorwort

Der einstige Trendsport Mountainbiken ist erwachsen geworden. Das Mountainbike hat die ehemals verschlafene Fahrradbranche gründlich entstaubt. Aktuell begeistert es bereits eine dritte Generation von Anhängern. Diese Erfolgsgeschichte ist noch lange nicht zu Ende.

Mitte der Neunziger Jahre wurden die Biker noch als papageienbunte Trendsportler belächelt. Mittlerweile ist Mountainbiken ein beliebter Breitensport. Die besten Biker dürfen seit Langem schon um olympisches Gold fahren. Das Mountainbike (kurz: MTB) ist zum Motor der gesamten Fahrradbranche geworden: Es hat zum Beispiel die Rennradhersteller aus einem jahrzehntelangen Dornröschen-Schlaf geweckt. Nun fahren Tour-de-France-Teams auf Rädern von MTB-Marken, natürlich mit Bike-Technik. Wie konnte ein Spezialrad fürs Gelände eine so steile Karriere hinlegen? Weil es sich nicht nur im schroffen Terrain wohlfühlt. Die Allroundeigenschaften von MTBs beeindrucken: Ob Alpenpass, Bikepark oder der Weg zur Post – sie rollen durch jedes Terrain und sind meist als Erste im Ziel. Während zuvor jedes Fahrrad an die Straße gebunden war, ermöglichte das MTB erstmals entspanntes Radeln in unverbauter Natur – weg von Lärm, Abgasen, Gefahr und Stress, hin zum Naturerlebnis, die Sinne ganz aufs Innere fokussiert. Viele Menschen entdeckten erst mit dem MTB, welche unglaubliche Reichweite man auch ohne Auto erzielen kann. Extremisten fahren 300 Kilometer nonstop, Marathons von über 80 Kilometern Länge haben oft Starterfelder von über 2000

Menschen. Tausende Biker überqueren jeden Sommer die Alpen – (meist) allein mit Muskelkraft. Auch auf der Straße ist das MTB nicht deplatziert: Mit seiner enormen Übersetzungsbandbreite und dem geringen Gewicht nimmt das Bike jede Steigung locker. MTB-Bremsen haben einen neuen Sicherheitsstandard in der Fahrradtechnik vorgegeben – wichtig in der Stadt wie auf der Downhillpiste. Dass die Offroadmaschinen dabei auch noch besonders robust gebaut sind, ermöglicht nicht nur den harten Einsatz im Gelände, sondern dient auch der Langlebigkeit.

Die Vielseitigkeit des MTBs schlägt sich in der Vielzahl seiner Varianten nieder. Anfangs gab es nur das Mountainbike schlechthin: ungefederter Diamantrahmen, Knubbelreifen, bissige Bremsen, viele Gänge. Daraus ist heute eine ganze Familie geworden:

Es gibt MTBs zum Marathonfahren, zum Bergabfahren, zum Springen oder für Kurzstreckenrennen. Ebenso gibt es Bikes zum Tourenfahren, für Bikeparks und sogar solche, die als Alleskönner verkauft werden. Gut zehn verschiedene Einsatzbereiche lassen sich so umreißen.

Um den Bike-Spaß voll auskosten zu können, brauchen Sie hauptsächlich Wissen: Fully oder Hardtail, Fatbike oder Twentyniner? Dieses Buch schlägt eine Schneise durch den Dschungel der Bike-Begriffe und ermöglicht Ihnen die zielsichere Auswahl des richtigen Gefährts. Hinzu kommen grundlegende Erläuterungen zur MTB-Technik und essentieller Zusatz-Ausrüstung. Garniert wird dieses Paket mit einer professionellen Fahrtechnik-Hilfe, damit Sie auf Anhieb 100 Prozent Fahrspaß im Gelände haben.

Gruppenerlebnis

Allein zu biken ist schön. Doch in der Gruppe entwickelt sich eine Dynamik, die jeden mitreißt. Und es entstehen Freundschaften, auf die man sich verlassen kann. Bei Rahmen- und Gabelbruch.

Faszination Rennsport

Für viele ist der Wettbewerb der Zugang zum Mountainbiken, sei es als Zuschauer oder als Rennfahrer. Der Rennsport ist extrem fordernd, konditionell und technisch. Die Belohnung für Erfolge ist dafür umso schöner.

Reize setzen

Das MTB bietet die Möglichkeit, seine Grenzen auszuloten, sich zu überwinden. Extrem-Wettbewerbe wie die „Rampage" in Utah sind risikobereiten Top-Athleten vorbehalten. Doch der kleine Nervenkitzel lauert für Hobby-Freerider an der nächsten Treppenstufe – ohne Lebensgefahr.

Die Natur erspüren

Das Mountainbike bringt Menschen an Orte, die sie sonst kaum erreichen würden. Die Reifen erweitern unser Sensorium: Wir spüren den Untergrund, stehen in direkter Verbindung mit der Natur. Spätestens bei der Verschnaufpause öffnen sich alle Sinne, um Eindrücke zu tanken.

Das richtige Bike

In den vergangenen Jahrzehnten hat sich Mountainbiken zu einem äußerst facettenreichen Sport entwickelt. Menschen unterschiedlichsten Alters fahren aus den unterschiedlichsten Gründen mit dem Mountainbike: um sich zu erholen, um sich mit anderen zu messen oder um Nervenkitzel zu erleben. Manche fahren lieber bergauf, andere lassen sich von der Bergbahn auf den Gipfel bringen. Manche lieben Wurzelpfade, andere fahren nur auf präparierten Pisten oder gar auf Asphalt. Um all diesen Bedürfnissen gerecht zu werden, hat sich um das „Ur-Mountainbike" eine ganze Sippschaft entwickelt. Das Ur-Bike aus den 1980er-Jahren, ein völlig ungefedertes Bike mit 26-Zoll-Laufrädern, ist in den heutigen Bikes kaum wiederzuerkennen: Standen einst 18 Gänge für Hightech, sind heute 30 Standard. (Wobei ein Trend zum simplen 1x11 besteht.) Auch die einst prototypische Laufradgröße von 26 Zoll findet sich längst nicht mehr bei allen Bikes. Ein Großteil der auf Leichtlauf ausgelegten Bikes rollt auf 29 Zöllern. Nur wenige andere Funsportgeräte haben eine solch rasante Entwicklung in so kurzer Zeit durchlaufen. 1990 war eine gummigefederte Gabel kaum bezahlbar, heute stehen vollgefederte und sogar Elektro-Mountainbikes im Supermarkt.

Und da sind wir schon beim Knackpunkt: Oft versprechen bunte Aufkleber und verheißungsvolle Anglizismen mehr, als der Dumping-Preis halten kann. Da gilt dann Mutters Lehrsatz: Billig gekauft, ist doppelt gekauft. Aber auch ein hoher Anschaffungspreis ist – bei der enormen Vielfalt am Markt – kein Garant für genussvolles Biken. So können Sie für 5000 Euro eine elektrisch betriebene 25-Kilo-Wuchtbrumme im Motorrad-Look erstehen. Oder eben eine filigrane 10-Kilo-Bergmaschine. Mountainbiker sind ein buntes Volk. Ebenso vielfältig sind ihre Sportgeräte. Das Tolle daran ist: Für jeden ist genau das Richtige dabei. Denn der Fahrradmarkt hat sich mittlerweile enorm ausdifferenziert. Da heißt es: Ruhe bewahren und den Überblick behalten. Denn der Bike-Kauf ist auch eine Herzenssache und soll Spaß machen. Also, legen wir los!

Bike-Navigator

Mithilfe weniger, simpler Fragen schlagen Sie eine Bresche in den Dschungel aus Biker-Chinesisch und Marketing-Denglisch. Auch wenn der Fahrradmarkt anfangs unübersichtlich wirkt, ist es doch relativ leicht, das passende Gefährt zu finden. Die hier nur kurz erwähnten Bike-Kategorien werden ab S. 34 detailliert anhand vieler Beispiele vorgestellt.

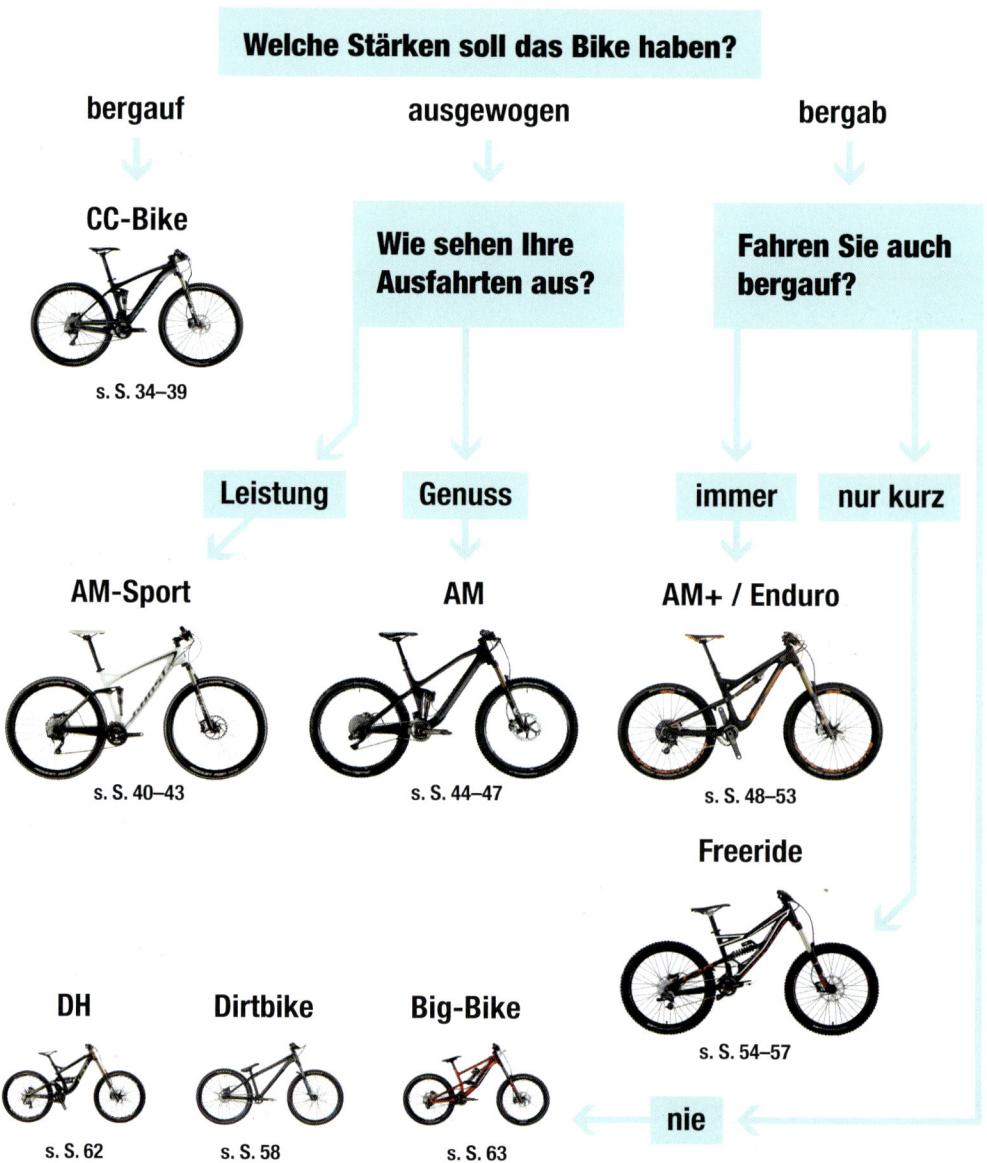

Welche Stärken soll das Bike haben?

bergauf → **CC-Bike** s. S. 34–39

ausgewogen → **Wie sehen Ihre Ausfahrten aus?**

bergab → **Fahren Sie auch bergauf?**

Leistung → **AM-Sport** s. S. 40–43

Genuss → **AM** s. S. 44–47

immer → **AM+ / Enduro** s. S. 48–53

nur kurz

Freeride s. S. 54–57

DH s. S. 62

Dirtbike s. S. 58

Big-Bike s. S. 63

nie

18

Hardtail oder Fully?

Zwei Anglizismen sind in der Bikersprache unausweichlich: Ein Mountainbike ohne gefedertes Hinterrad heißt Hardtail (übersetzt: starres Heck), ein vollgefedertes nennt man Fullsuspension-Bike (korrekt: „fully suspended bike" kurz: „Fully"). Die Entscheidung für die eine oder andere Bauart ist nicht allein eine Kostenfrage, sondern kann philosophische Züge annehmen.

Hardtail

Ein Hauptvorteil des Hardtails liegt beim Preis: Es ist technisch simpler herzustellen – der Rahmen braucht schließlich weder Gelenke noch ein Federbein. Deshalb **wiegt** ein Hardtail auch stets **weniger** als ein sonst gleich ausgestattetes Fully. Zudem kann ein nicht vorhandener Dämpfer auch nicht kaputtgehen, wenn auch gesagt werden muss, dass solche Defekte bei Fullies selten sind. Zu bedenken ist die **entfallende Wartung** von Dämpfer und Kugellagern. Wer auf seinem Bike – beispielsweise als Pendler – häufig mit schwerem Rucksack unterwegs ist, wird sich vielleicht auch eher für ein Hardtail entscheiden. Denn das ist schließlich unempfindlich für Gewichtsschwankungen. **Der Nachteil:** Ein starres Hinterrad leitet Schläge ungefiltert an die Bandscheiben weiter und bleibt an jeder Felskante (auch beim Hochfahren!) hängen.

Fully

Das Fully lässt sich **effizienter** im Gelände bewegen. Messungen belegen, dass ein Fully mehr Energie in Vortrieb umwandelt, also schneller ist. Gründe sind eine bessere Traktion und eine geringere Ermüdung des Fahrers. Dadurch wird das **höhere Gewicht** locker kompensiert. Allerdings **kostet** ein vollgefedertes Bike – bei sonst gleicher Ausstattung – **nahezu das Doppelte** und wiegt mindestens ein Kilogramm mehr als ein gleich teures Hardtail. Zum Kaufpreis muss man als Vielfahrer gut 100 € für eine jährliche **Inspektion der Heckfederung** addieren. Die in Bikerkreisen (besonders unter eingefleischten Hardtail-Liebhabern) kursierende Mär, wonach man die richtige Fahrtechnik nur auf einem Hardtail erlernen würde, dürfen Sie getrost ignorieren. Schließlich wird auch das Autofahren in aktuellen, komfortablen Modellen geschult und nicht im Gogomobil.

Sonderfall Einsteiger

Liegt das Budget unter 1500 €, ist es sicherer, sich für ein Hardtail zu entscheiden. Nur wenige Hersteller bieten unterhalb dieser Preisschwelle Fullies an, die kompromisslos geländetauglich sind. Häufig sind schwergängige Federelemente verbaut, oder das Gewicht ist zu hoch. Dagegen gibt es bereits für 1000 € eine große Auswahl an Hardtails, die uneingeschränkten Fahrspaß vermitteln. Die Alternative für Sparsame ist der Gebrauchtkauf, wobei natürlich ein erfahrener Berater hilfreich ist.

Preis-Leistungskurve

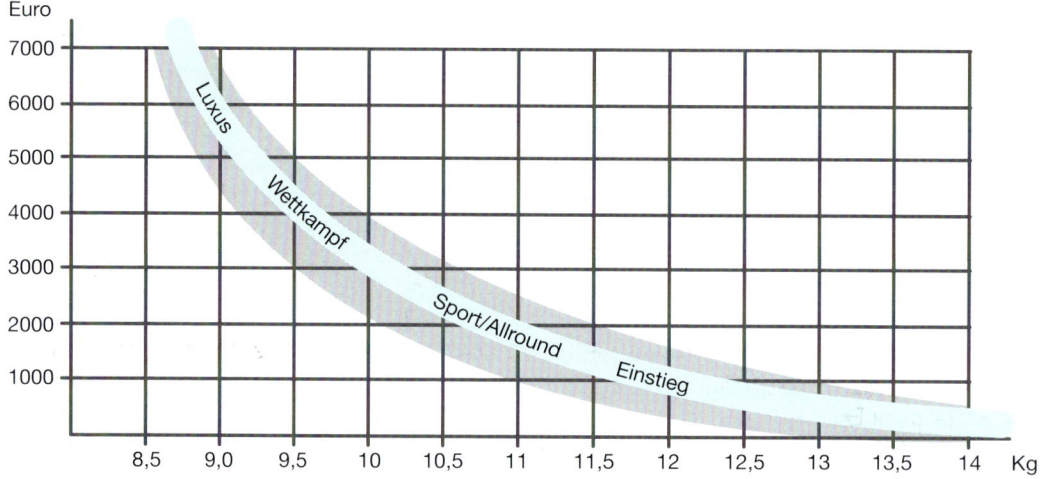

Wer mehr Geld für sein Bike ausgibt, darf natürlich auch eine höhere Leistung erwarten: geringeres Gewicht, mehr Traktion, höheren Komfort.

Während allerdings die Preise für Mountainbikes nahezu grenzenlos sind, gibt es auf der anderen Skala, der Leistung, ein Optimum. Das beste Preis-Leistungsverhältnis ist für jede Bike-Kategorie gesondert zu ermitteln. Jedoch ist der Kurvenverlauf problemlos übertragbar. Als Beispiel dient hier die Klasse der **Hardtails**. Für 3000 € erhält man ein sehr feines Sportgerät um die 10 Kilo. Bei manchem Hersteller kann man zu diesem Preis auch ein deutlich leichteres, rennfertiges Modell erhalten. Für etwa 4000 € darf man auch von teuren Herstellern ein sehr gutes und leichtes Race-Hardtail erwarten. Wer dann nochmal ein halbes oder gar ein ganzes Kilo am Bike abspecken will, muss dafür unverhältnismäßig tief in die Tasche greifen. Um schließlich die Spitze des technisch Möglichen zu besitzen, kann mal leicht das Doppelte ausgeben wie für ein Bike, das ein knappes Kilo mehr wiegt.

Wo kaufen?

Neben dem klassischen Kauf im Fahrradladen gibt es ein breites Angebot von Versandmarken. Was sind die Vor- und Nachteile dieser Kaufoptionen?

Einzelhändler

Abgesehen davon, dass es vielen Fahrradläden gelingt, ihre Ware wie Kultobjekte zu präsentieren und ein ansprechendes Flair zu erzeugen, hat ein Händler vor Ort auch ganz handfeste Vorteile: Hier kann man das Bike anfassen und ausgiebig Probe fahren. Oft gibt es Angebote für Testtage oder ganze Testwochenenden. Idealerweise stehen mehrere Marken zur Auswahl und lassen sich so auch vergleichen. Reparaturen werden meist kulant bearbeitet, Kleinigkeiten dabei nicht unbedingt berechnet. Und der Mechaniker gibt den einen oder anderen Tipp mit nach Hause. Viele Bike-Shops bilden auch das Epizentrum der lokalen Mountainbike-Kultur, und man findet hier schnell Anschluss zu Gleichgesinnten. Bedenken Sie all diese Vorteile sorgsam, bevor Sie zum Bike aus der Kiste greifen.

Versandhandel

Hier gibt es zwei Konzepte: Der gewöhnliche Versandhandel verkauft Bikes bekannter Marken zu leicht reduzierten Preisen, häufig aus Restposten. Diese Art von Kauf ist nur erfahrenen Bikern anzuraten, die das gewünschte Bike idealerweise schon kennen. Denn die Rücksendung mit matschigen Reifen ist hier nicht mehr möglich. Kulanter ist dagegen der Direktversandhandel. Damit sind Bike-Hersteller gemeint, die ausschließlich auf dem Postweg verkaufen. Das spart eine Handelsstufe, nämlich den Bikeshop, aus. Der Käufer verzichtet auf ein paar Leistungen: Eine Probefahrt ist zwar möglich, allerdings mit Aus- und Verpacken verbunden. Reklamationen und Defekte werden über den Postweg verkompliziert, und der Händler um die Ecke reagiert häufig patzig, wenn er ein fremdes Bike reparieren soll. Beim Versender sollte nur bestellen, wer sich Aufbau und Wartung selbst zutraut. Bei einigen Anbietern ist mit monatelangen Wartezeiten zu rechnen.

Gebraucht kaufen

Zwei Gründe sprechen für den Kauf eines gebrauchten MTBs. Erstens kostet ein ein oder zwei Jahre altes Bike kaum mehr als die Hälfte seines ursprünglichen Preises. Zweitens heizt Gebrauchtkauf den Warenkonsum weniger an. Auf dem MTB-Markt finden sich erstaunlich viele Gefährte mit geringer Kilometerleistung, die vor allem am Zustand des Lacks an den Ketten- und Sitzstreben ablesbar ist. Wenn Sie genau wissen, was Sie wollen, lohnt es sich, die entsprechenden Verkaufsplattformen im Internet zu durchforsten. Ein guter Ausgangspunkt sind Testergebnisse von Bikes, die über Jahre hinweg nur Facelifting bekommen haben. Einige Bikehändler bieten gebrauchte Bikes an, was dieser Kaufvariante weitere Vorteile beschert (Schutz vor versteckten Defekten).

26 oder 29 Zoll?

Bis vor Kurzem erkannte man ein MTB an den kompakten Rädern mit einem Außendurchmesser von 26 Zoll. Plötzlich aber gab es immer mehr Bikes auf großen 29-Zoll-Rädern (also eigentlich 28-Zoll-Felgen mit dickeren Reifen). Besonders Marathonfahrer und Hardtailfans schwören auf die Vorteile dieses Formats, die vor allem in einer höheren Laufruhe und höherem Komfort liegen.

Doch viele eingefleischte Biker hielten 29 Zoll für einen reinen Marketing-Coup. Der BIKE-Redakteur Henri Lesewitz, selbst 26-Zoll-Fan, ers(p)ann in seiner Kolumne ein weiteres Format: 27,5 Zoll. Tatsächlich erschienen kurz darauf die ersten Räder in dieser Größe, die sich mittlerweile als idealer Kompromiss herausgestellt hat.

Fahrkomfort, Laufruhe, Kurvenverhalten: Lassen sich diese immer wieder genannten Unterschiede auch technisch begründen? Ja! Tatsächlich rollen große Räder leichter über Hindernisse jedweder Art (siehe Skizze gegenüber) und besitzen weitere physikalische Vorteile. Sie versinken nicht so tief in Schlaglöchern und werden von kantigen Steinen weniger abgebremst. Zudem hat man als Fahrer seltener Überschlagsgefühle und tut sich beim Bergauffahren leichter. Messungen ergaben eine höhere Traktion der Reifen und eine geringere Neigung zum Aufbäumen.

Dennoch: 29 Zoll ist nicht nur eitel Sonnenschein. Gegenüber 26 Zoll handelt man sich handfeste Nachteile ein: Die Räder wiegen 200–700 g mehr pro Paar. Das macht sich gerade beim Beschleunigen negativ bemerkbar, denn das Mehrgewicht schlägt sich fast ausschließlich in der rotierenden Masse nieder. Außerdem sind die Riesenräder weniger seitensteif, was besonders schwereren Fahrern negativ auffällt. Auch das meist etwas trägere Handling von 29-Zoll-MTBs ist nicht jedermanns Sache.

Trotz dieser Nachteile hat 29 Zoll das 26-Zoll-Format in weiten Bereichen fast verdrängt. Hardtails gibt es kaum noch in dem kleineren Standard, da sich hier der bessere Komfort am deutlichsten bemerkbar macht. Selbst CC-Rennfahrer sitzen meist auf großen Rädern, obwohl sie das bei jeder Beschleunigung mehr Energie kostet. Nur bei stark bergab-orientierten Bikes, also Freeridern und Downhillern, hat sich 26 Zoll gehalten. Das liegt auch daran, dass der Federweg bei großen Rädern auf 160 mm begrenzt ist. Viele AM- und Enduro-Bikes suchen mit 27,5 das ideale Mittelmaß. Manche Hersteller verbauen sogar zwei verschiedene Laufradgrößen an einem Bike, wobei das große Rad in der Gabel steckt.

Fahrphysik

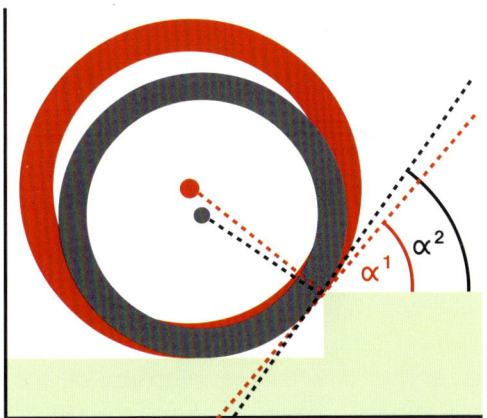

Das kleinere Laufrad prallt in einem steileren Winkel (α^1) auf das Hindernis. So wird es stärker abgebremst als das größere Laufrad (α^2).

+ Vor- und Nachteile -

29 Zoll

· Fahrkomfort
· Traktion
· Gutmütiges Fahrverhalten

· schwerer
· weniger steif
· ungeeignet für kleine Rahmen-
  größen
· begrenzter Federweg

27,5 Zoll (650b)

· Idealer Kompromiss zwischen
  groß und klein
· guter Fahrkomfort
· keine Federwegsbegrenzung
· auch kleine Rahmen realisierbar

· geringer Unterschied zu 26 Zoll

26 Zoll

· Gewicht
· Stabilität
· Beschleunigung
· auch kleine Rahmen realisierbar

· unkomfortabel
· geringe Auswahl

Schaltung
Wer braucht 33 Gänge?

Lange, bevor es Alurahmen und ausgeklügelte Federungen gab, war die feinabgestufte Schaltung das wichtigste Merkmal eines guten Mountainbikes. Mit 18 Gängen fing es an und steigerte sich in Dreierschritten bis zum heutigen Standard von 30 Schaltstufen (bei Shimanos sündteurer XTR sind es sogar bis zu 33). Im Vergleich zum Auto: extrem feinstufig. Bezogen auf das Wärmekraftwerk Mensch: gerade richtig. Schließlich können wir unsere relativ geringe Dauerleistung von etwa 200 Watt nur dann entfalten, wenn die Drehzahl unserer Antriebspleuel, der Beine, innerhalb eines engen Bereichs bleibt. Da macht es viel aus, wenn man die Belastung fein steuern kann.

Allerdings schleppt man bei 30 Gängen auch eine Menge an Balast in Form von Gangüberschneidungen mit sich. Bei einigen Gängen (z. B. 22-11, also mittleres Blatt, kleinstes Ritzel) läuft die Kette extrem schräg – hoher Materialverschleiss ist die Folge. Aus diesem Grund gibt es seit einiger Zeit wieder einen Trend zum Minimalismus. Viele ambitionierte Biker, die ihre Bedürfnisse und ihre Leistungsfähigkeit gut kennen, fahren nur noch mit einem Kettenblatt. Andere, die etwas mehr Reserven haben möchten, wählen eine Kurbelgarnitur mit zwei Kettenblättern. Es muss also nicht für Alle die volle Bandbreite von 30 bzw. 33 Gängen sein, für viele Tourenfahrern aber schon.

Schaltung – was ist das überhaupt?

Die Schaltung eines Bikes besteht aus einem Konglomerat an Feinmechanik, die trotz widrigster Umstände (Schmutz, Regen, Sand) erstaunlich haltbar ist. Die meiste Arbeit leistet das Schaltwerk, das die Kette am Hinterrad über die Ritzel wandern lässt. Diese drei Teile unterscheiden sich kaum in ihrer Bauart, egal ob Shimano oder SRAM draufsteht. Über die Tretkurbeln mit ihren drei Kettenblättern sind unsere Beine mit dem System verbunden. Auch das Innen- oder Tretlager gehört zur Schaltgruppe. Der Umwerfer bewegt die Kette auf den vorderen Kettenblättern und bewirkt damit die größten Gangsprünge. Mit den Schalthebeln haben wir absolute Kontrolle über unseren Antrieb. Neben all diesen Teilen, die unmittelbar für das Schalten verantwortlich sind, gehören auch optisch und funktional abgestimmte Naben und Bremsen zur Schaltgruppe.

Elektronisches Schalten

Seit 2014 hält die Elektronik an der MTB-Schaltung Einzug. Shimano hat den ersten Schritt getan und mit der DI2 ein System vorgelegt, bei dem Servomotoren den Gangwechsel besorgen. DI2 entscheidet selbstständig, ob ein Kettenblattwechsel erforderlich ist, oder ob nur am Ritzel geschaltet wird. Im Verhältnis zum exorbitanten Preis ist der Zeit- und Komfortgewinn marginal.

Kette: SRAM-Ketten unterscheiden sich in zwei Punkten von Shimano-Ketten. Erstens haben sie ein praktisches Kettenschloss (schwarzes Kettenglied), das eine werkzeuglose Montage ermöglicht. Zweitens haben die teuren Versionen zur Gewichtsersparnis Hohlnieten.

Ritzelpaket (engl.: cassette): Auch als Kassette bezeichnet. Mittlerweile sind 10 Ritzel der Standard. Kassetten der Oberklasse bestehen aus Leichtmetall und kosten bis zu 400 €. Da es sich um ein Verschleißteil handelt, ist diese Investition eine Überlegung wert.

Umwerfer (engl.: front derailleur): Hebt die Kette von einem auf das andere Kettenblatt. Aufgrund verschiedenster Rahmenbauweisen und Befestigungsmöglichkeiten gibt es von jedem Modell zahlreiche Varianten.

Schaltwerk (engl.: rear derailleur): Das Herz- und Schaustück jeder Schaltung. Vorsicht: Oft werden teure Schaltwerke mit billigeren Komponenten kombiniert, um Käufer zu blenden. Hochwertige Schaltwerke verfügen über eine verstärkte Feder, um Kettenschlagen zu vermeiden.

Tretkurbel (engl.: crankset): Kurbeln mit drei Kettenblättern sind eine von mehreren Varianten (s. S. 26). Rennfahrer verzichten aus Gewichtsgründen gern auf zwei Kettenblätter und den damit überflüssigen Umwerfer.

Eins, zwei oder drei?

1-fach – Für Spezialisten

Aktuell bietet SRAM zwei Gruppen an, die mit einem Kettenblatt auskommen. Dabei hat die Kassette nicht, wie üblich, 10, sondern sogar 11 Ritzel.

+   **-**

· Gewicht
· Übersichtlichkeit

· Verengter Einsatzbereich
· Grobe Abstufung

2-fach – Für Allrounder

Diese Option bieten sowohl Shimano als auch SRAM. Typische Abstufungen sind 38/26 oder auch – für Freunde des steilen Geländes – 36/22.

+   **-**

· Kaum Überschneidungen
· Weniger Schalten vorn

· Mittlere Bandbreite

3-fach – Der Klassiker

Der Klassiker am MTB bietet maximale Übersetzungsbandbreite für jedes Gelände. Ohne wesentliche Einschränkung – außer beim Gewicht.

+   **-**

· Große Bandbreite

· Viele Überschneidungen
· Nur 22 von 30 Gängen nutzbar

Im Vergleich: 1–3-fach

Die Tabelle gibt Auskunft über die Übersetzungsbandbreite der verschiedenen Schaltungskonzepte. Naturgemäß ist sie bei 3-fach am größten. Bei 1-fach lässt sich der Berggang noch ein wenig reduzieren, indem man ein 28er-Kettenblatt montiert. Bei allen Kombis ist der kleine Gang am wichtigsten. Er entscheidet, ob man bergauf fährt oder schiebt. Aufgrund des größeren Laufraddurchmessers benötigen 29-Zoll-Bikes kleinere Berggänge (22, maximal 24 Zähne) als solche mit kleineren Laufrädern.

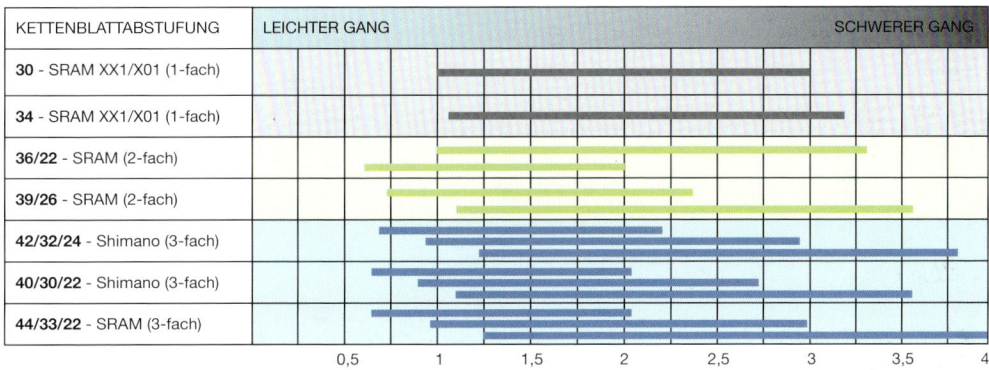

KETTENBLATTABSTUFUNG	LEICHTER GANG ... SCHWERER GANG
30 - SRAM XX1/X01 (1-fach)	
34 - SRAM XX1/X01 (1-fach)	
36/22 - SRAM (2-fach)	
39/26 - SRAM (2-fach)	
42/32/24 - Shimano (3-fach)	
40/30/22 - Shimano (3-fach)	
44/33/22 - SRAM (3-fach)	

0,5   1   1,5   2   2,5   3   3,5   4

Hebelwirkung

Bei den Hebeln finden sich wesentliche Unterschiede zwischen den beiden dominierenden Herstellern Shimano und SRAM, denn schließlich sind sie die Schnittstelle zu unserem Körper. Shimano bietet seine bewährten Rapidfire-Hebeln, die sich sowohl mit dem Daumen als auch mit dem Zeigefinger ansteuern lassen. SRAM offeriert zwei Alternativen: Drehgriffe und Daumenhebel („Trigger"), die dem Shimano-System ähneln, allerdings nur mit einem Finger zu bedienen sind.

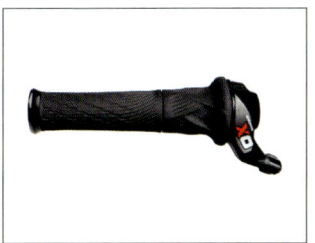

Drehgriff: Das Schalten funktioniert per Drehung, ganz locker aus dem Handgelenk. Allerdings hat man dabei den Lenker nicht mehr ganz so fest in der Hand. Aktuell wird das System nur von SRAM angeboten.

Trigger: Der Schalthebel von SRAM lässt sich mit dem Daumen bedienen. Ergonomie-Vergleiche bescheinigen dem System sehr gute Werte. Schaltgefühl: kernig, gerastert.

Rapidfire-Schalthebel: Von Shimano eingeführte und patentierte Hebeltechnik. Herunterschalten funktioniert per Zeigefinger, der Daumen hievt die Gänge wieder hoch. Schaltgefühl: weich, geschmeidig.

Die Gruppen im Überblick

GRUPPE	Preis, ca.	Gewicht, ca.	Übersetzungen	
SRAM XX1 & X01	1300 €	1500 g	1x11	Top-Klasse
Shimano XTR	1600 €	1520–1800 g	1–3x11	Top-Klasse
Shimano di2	2200 €	1850 g	1–3x11	Top-Klasse
SRAM XX	1800 €	1780 g	2x10	Top-Klasse
SRAM X0	1300 €	1900 g	1–2x10	Oberklasse
Shimano XT	700 €	2100 g	2–3x10	Oberklasse
SRAM X9	700 €	2150 g	2x10	Oberklasse
Shimano SLX	450 €	2150 g	2–3x10	Mittelklasse
SRAM X1	800 €	1700 g	1x11	Oberklasse
Shimano Deore	300 €	2350 g	2–3x10	Einstiegsklasse
SRAM X 7	450 €	2300 g	2–3x10	Einstiegsklasse

Obwohl Mountainbike-Schaltungen gleich aufgebaut sind und auf ähnlichem Niveau funktionieren, gibt es Unterschiede. So kostet ein Bike mit der legendären „XTR" von Shimano selten unter 4000 €, während eines mit „Deore"-Schaltung für 800 € zu haben ist. Das hat zwei Gründe: Tatsächlich kostet die „XTR"-Schaltgruppe ein Mehrfaches der „Deore": fast 2000 €. Die Edelgruppe ist am Rand der technischen Möglichkeiten konstruiert: leichter geht es kaum. Zusätzlich wird hier Technik verbaut, die für die billigeren Gruppen zu kostspieliß, weil zu aufwendig wäre. Dazu kommt die „Wenn-schon-denn-schon"-Mentalität der Hersteller: Wenn eine „XTR" verbaut wird, dann am leichtesten Rahmen, in Verbindung mit der teuersten Federgabel. Auch andere Komponenten wie Naben und Bremsen können die Schriftzüge „Deore" oder „XTR" tragen. Sie gehören aber nicht mehr zur Schaltung im engeren Sinne. Ein gutes Gefühl vermittelt es allemal, wenn sämtliche Komponenten einen einheitlichen Schriftzug tragen. So betont der Bike-Hersteller, dass ihm an einem transparenten Produkt gelegen ist. Funktionell sind alle der aufgeführten Gruppen empfehlenswert.

Schalternativen

Die **Rohloff-Nabenschaltung** hat zwar nur 14 Gänge, doch bietet sie genau die gleiche Übersetzungsbandbreite wie eine Dreifach-Kettenschaltung. Die Rohloff ist seit 1998 nahezu unverändert auf dem Markt und gilt in der Szene als Geniestreich: Schaltwerk, Umwerfer, Kettenblätter – viele Teile einer konventionellen Schaltung spart sich der Rohloff-Käufer und erhält ein Bike mit sauberer Optik. Leichter ist das System dennoch nicht, denn das komplexe Planetengetriebe in der dosendicken Nabe beschwert das Hinterrad mit 1,4 Kilo. In der Summe der Bauteile wiegt ein derart ausgerüstetes Bike 300 Gramm mehr als eines mit der „XT" von Shimano. Dafür bleiben einem die Probleme einer Kettenschaltung erspart: kein Kettenhüpfen im tiefen Schlamm, äußerst geringer Ketten- sowie kein Ritzelverschleiß. Und herunterspringen kann die Kette auch nicht mehr. Seit 2012 ist mit **Pinion** ein weiteres Getriebe auf dem Markt. Es bietet sogar 18 Gänge und sitzt im Tretlager, wo das Mehrgewicht die Fahrdynamik weniger stark beeinflusst.

A - Sitzrohrlänge: Wird meist als Maß für die Rahmengröße angegeben (z. B. 48 cm / 18 Zoll).

B - Oberrohrlänge: Bestimmt maßgeblich die Sitzposition, von aufrecht bis gestreckt. Meist wird (wie in der Grafik ersichtlich) die virtuelle Länge angegeben, also die Horizontale vom Ende des Steuerrohrs bis zur Mitte der Sattelstütze.

C - Reach: Da der Fahrer auf dem Bike steht, wenn es technisch interessant wird, beschreibt dieses virtuelle Rahmenmaß (reach = Reichweite) das Fahrgefühl im Stehen: von aufrecht-gedrängt bis flach-gestreckt.

D - Stack: Gibt an, wie hoch ein Bike baut. Ein geringer Stack steht für einen tiefen Schwerpunkt, also höhere Fahrsicherheit. Im Gegensatz zur Tretlagerhöhe spielt hier die Bauhöhe der Gabel stärker hinein.

E- Radstand: Länge läuft – das gilt auch für Bikes. In Kombination mit dem Lenkwinkel entscheidet dieses Maß über träges oder agiles Kurvenverhalten.

F - Lenkwinkel: Hier entscheidet sich, wie sich das Bike steuert. Steht das Vorderrad relativ steil im Rahmen, so wird die Lenkung leichtgängiger, darunter wird sie träger.

G - Sitzwinkel: Dieses Maß ist vor allem für bergauf-orientierte Biker interessant, denn es gibt Auskunft, in welchem Winkel der Biker zum Tretlager sitzt. Ein steiler Winkel steht meist für sportliches Fahren, bei flacherem Winkel sitzt der Biker etwas entspannter nach hinten versetzt.

H - Kettenstrebenlänge: Ein wichtiges Maß für die Gewichtsverteilung. Bei sehr langer Kettenstrebe fällt es schwer, das Vorderrad anzuheben. Das Bike wirkt dann undynamisch.

I - Tretlagerhöhe: Ein hohes Tretlager bewirkt viel Bodenfreiheit, was bei großen Federwegen essenziell ist. Allerdings fühlt sich das Bike ab einer gewissen Höhe kipplig an.

Größenwahl

Eines vorweg: Bei der Größe Ihres neuen Bikes können Sie nicht viel verkehrt machen. Die große Auswahl hat man ohnehin selten: Die meisten Serienhersteller beschränken sich auf die drei Standardgrößen S, M, L. Nur Volumenmodelle sind in XS oder XL erhältlich. Die genaue Anpassung erfolgt dann über die Sattelhöhe und die Länge des Vorbaus. Zudem lässt sich der Sattel in seiner Position über dem Tretlager in der Horizontalen um etwa 5 cm verschieben.

Schnellcheck

Im Shop stellen Sie schnell fest, ob ein MTB-Rahmen hoch genug ist: Nehmen Sie das Bike zwischen die Beine. Ist etwa eine handbreit Platz, passt das Bike optimal (wenn es sich um einen konventionellen Rahmen mit geradem Oberrohr handelt). Bei Rahmen mit stark abfallendem Oberrohr ist dies kein Anhaltspunkt. Stattdessen ist es dann ausschlaggebend, ob die korrekte Sitzhöhe einstellbar ist, ohne dass die Sattelstütze zu weit aus dem Sitzrohr herausragt (s. unten).

Persönliche Vorlieben

Sind Sie gern in schwierigem Gelände unterwegs, können Sie auch einen etwas kleineren Rahmen wählen, um mehr Fahrsicherheit und Agilität zu haben. Nehmen Sie das größere Bike, wenn Sie lieber auf breiten Wegen, dafür aber zügig fahren. Auch Enduro- und Downhillfahrer mit Rennambitionen greifen gern zum größeren, weil laufruhigeren Bike.

Sitzhöhe & Sattelposition einstellen

1. Sitzhöhe
Nicht nur, um Knie- und Rückenschmerzen zu vermeiden, sollte die Sattelhöhe möglichst exakt justiert sein. Die korrekte Einstellung gewährleistet auch, dass Sie ordentlich Druck aufs Pedal bringen. Die richtige Höhe ist erreicht, wenn Ihre Ferse bei ausgestrecktem Bein und senkrechter Kurbel das untere Pedal erreicht.

2. Sattelposition
Davon ausgehend lässt sich der Sattel in der Horizontalen einstellen. So lassen sich Knieprobleme ausschließen. Die Position stimmt, wenn ein Lot vom Tibiaskopf (unterhalb der Kniescheibe) durch die Pedalachse fällt. Die Messung erfolgt bei waagerechter Kurbelstellung.

Fahrwerksabstimmung

Am wichtigsten ist es, den richtigen Negativfederweg (englisch: „sag") einzustellen. Das meint, wie tief die Federung unter dem Fahrer in die Knie geht. Wichtig ist der Sag, damit die Laufräder stets Bodenkontakt halten, auch beim Durchfahren eines negativen Hindernisses, wie z. B. eines Schlaglochs. Rennorientierte Bikes (CC und AM-Sport) sollten beim Aufsitzen 10 bis 20 Prozent des gesamten Federwegs nutzen. Enduro- und Freeride-Bikes 20 bis 30 Prozent. Falls Ihr Hersteller andere Vorgaben macht, sind diese natürlich zu beachten. Der nächste Schritt ist dann die Feinjustierung der Dämpfung, damit die Federung schnell genug wieder für neue Schläge bereit sein kann.

Federung und Dämpfung justieren in 5 Schritten

1. Bestimmen Sie den aktuellen **Negativfederweg** (Sag) von Gabel und Dämpfer. Dabei sollten Sie die Ausrüstung am Körper tragen, die Sie auch im Gelände verwenden, gegebenenfalls also einen Rucksack. Idealerweise haben Sie einen Helfer, der Sie halten kann, wenn Sie in Grundposition über dem Bike stehen. Mit etwas Feingefühl können Sie auch allein auf das Bike steigen, ohne dabei zu sehr zu schaukeln. Wichtig ist, dass etwaige Federungs- und Dämpfungsblockierungen geöffnet sind (s. kleines Foto).

2. Kontrolle: Die Gummiringe an den Federelementen zeigen Ihnen nun an, wie tief das Fahrwerk allein unter Ihrem Körpergewicht eingesackt ist. Falls solche Ringe fehlen, können Sie sie durch Kabelbinder ersetzen.

3. Nun kommt die **Feineinstellung**. Mithilfe einer Hochdruckluftpumpe (bei neuen Bikes meist mitgeliefert) arbeiten Sie sich feinfühlig an den gewünschten Betriebsdruck heran. Beachten Sie dabei, dass beim Abschrauben des Ventils 0,1–0,2 Bar entweichen. Haben Sie ein bergaborientiertes Bike mit Stahlfederung, lässt sich deren Vorspannung ändern – allerdings nur minimal. Ist die Feder viel zu weich oder zu hart, muss eine neue her.

4. Justieren Sie die **Dämpfung**. Dämpfer und Gabeln hochwertiger Mountainbikes lassen sich extern per Drehknopf verstellen. Diese Knöpfe sind meist mit „slower" und „faster" oder entsprechenden Symbolen gekennzeichnet. Meist ist zudem „rebound" (deutsch: Zugstufe) aufgedruckt (s. kleines Foto. Bei diesem Dämpfer beeinflusst das rote Rädchen die Zugstufendämpfung, während das blaue für die Dämpfung beim Einfedern zuständig ist). Einen Anhaltspunkt für ausreichende Dämpfung liefert ein Drucktest: Stemmen Sie sich mit Ihrem Gewicht auf das Bike und entlasten Sie es ruckartig. Weder Vorder- noch Hinterrad sollten Ihnen entgegenspringen.

5. Führen Sie den **Praxistest** an einer Bordsteinkante durch, die Sie in der Grundposition hinunterrollen. Optimal ist das Bike justiert, wenn die Federung eineinhalbmal nachwippt. Damit ist gewährleistet, dass der Schlag schnell genug abgebaut wird und die Federung rechtzeitig wieder einsatzbereit ist.

Fachbegriffe

Zugstufe: Dieser Teil der Dämpfung bestimmt, wie schnell die Federung wieder ausfedert. Meist ist nur die Druckstufe per Stellrad von außen regelbar.

Druckstufe: Sie bestimmt, wie stark bereits das Einfedern bedämpft wird. Eher für Fahrwerksspezialisten interessant. Selten extern verstellbar. Erkennungszeichen hochwertiger Federsysteme.

Tipps für Frauen

Physisch betrachtet, gibt es nur wenige Unterschiede zwischen Frauen und Männern, die sich auf die Ausstattung des Mountainbikes auswirken. Ein eventuell kürzerer Oberkörper wird durch einen kürzeren Vorbau wettgemacht, die eventuell geringere Körpergröße durch einen kleineren Rahmen.

Einige Tipps erleichtern Frauen den Einstieg enorm:

→ Nur in Ausnahmefällen ist die Federung ohne umständlichen und teuren Umbau auf Körpergewichte unter 65 Kilo abstimmbar. Einige Federgabelhersteller bieten Nachrüstfedern für Frauen und leichte Fahrer an. Selbst die sind bei Leichtgewichten meist zu hart. Die Lösung: Luftfederung. Hier funktioniert die Einstellung durch Luftablassen – stufenlos.

→ **Kleine Hände:** Auch Männer mit kürzeren Fingern stehen häufig vor dem Problem, dass die Bremshebel kaum fassbar sind. Prüfen Sie beim Radkauf, ob der Hebelabstand zum Lenker variabel ist und lassen Sie ihn am besten justieren. Erst wenn Sie die Bremshebel locker erreichen, rollen Sie auch unverkrampft durchs Gelände.

→ **50 Kilo Frau und 12 Kilo Bike** – das ist ein weitaus ungünstigeres Gewichtsverhältnis als bei Männern. Die meisten Bikes sind auf Fahrer weit jenseits der 75 Kilo ausgelegt. Und damit für Frauen, die meist geschmeidiger unterwegs sind, zu viel des Guten. Leichte Frauen können bedenkenlos ein 10-Kilo-Fully fahren – und erhöhen damit ihren Fahrspaß enorm. Wenn Sie also noch ein bisschen finanziellen Spielraum haben: Fragen Sie Ihren Händler nach leichteren Teilen für Ihr Bike (schon leichte Reifen und Schläuche sparen 600 Gramm).

→ **Lassen Sie sich nichts erzählen!** Frauen brauchen keine Spezialgeometrie. Die Proportionen der Extremitäten sind denen der Männer ähnlich. Nur eben meist etwas zierlicher. Nicht immer sind die Beine im Verhältnis zum Oberkörper länger.

Cross-Country-Bikes

Die Hochleistungsklasse unter den MTBs. Extrem leicht, aber wenig alltagstauglich. Dennoch sehr beliebt.

Cross-Country-Bikes (auch CC-Bikes) haben eine besondere Aura, denn sie reizen das technisch Mögliche aus: so leicht wie irgend möglich, doch stabil genug für langjährigen Geländeeinsatz. Cross-Country steht dabei für die klassische Austragungsform von MTB-Rennen: Einige Dutzend austrainierter Athleten absolvieren eine festgelegte Rundenzahl auf einem hügeligen Rundkurs. Da die Ausdauersportler ihr Körperfett auf ein Minimum reduziert haben, unterliegen auch ihre Bikes dem Gewichtsfetischismus. Carbon ist fast schon das Standardmaterial – nicht nur für den Rahmen, sondern auch für viele Bauteile, bis hin zu Lenker und Sattelstütze. Die Reifen sind sparsam profiliert und selten breiter als 2,2 Zoll, um der Beschleunigung nicht entgegenzuwirken. So erreichen die Ingenieure Gewichte von 9 Kilo oder weniger für ein Hardtail. Edle Race-Fullies wiegen um die 10 Kilo. Aufgrund der knappen Federwege (80–100 mm) und der antrittssteifen Rahmen und Tretlager ist das Beschleunigungserleben mit solchen Bikes das reine Vergnügen, allerdings darf man hier keinen besonders hohen Fahrkomfort erwarten. Für grobes Gelände sind diese Bikes auf Dauer nicht gemacht. Bei einigen Ultraleichtkomponenten empfehlen die Hersteller den Austausch nach wenigen Jahren. Etwas schwerere (weil günstigere) Fullies werden häufig als Marathon-Fullies bezeichnet. Das ist Unfug, denn gerade auf längeren Strecken zahlt sich ein geringes Gewicht aus. Sie gehören besser in die All-Mountain-Klasse (ab S. 40).

Cross-Country-Fully
Sänfte für Rennfahrer

→ Das können Sie erwarten

In der obersten Preisriege dürfen Sie Feinschliff bis ins letzte Detail voraussetzen: Carbon-Sattel, Alu- oder Titanschrauben, PVC-Schläuche. Fast alle Bikes dieser Klasse rollen auf 29-Zöllern. Bei kleiner Körpergröße kann man gelegentlich zur 27,5-Variante greifen. 10 Kilo sind hier die magische Zahl, wesentlich mehr dürfen die Topmodelle nicht wiegen – zumindest laut Liste. In der Realität sind aber 11 Kilo für ein Bike (mit Pedalen!) in Größe L ein üblicher Wert. Für optimale Kraftübertragung ist der Sitzwinkel recht steil, die Sitzposition ist gestreckt, damit das Bike an Steilstücken nicht so schnell aufbäumt. Die Federung ist knapp und straff abgestimmt, gelegentlich kommen automatische Lockoutsysteme zum Einsatz. Auch die elektronische (Ketten-)Schaltung hält Einzug. Reinrassigen Racebikes genügt vielfach eine 1x11 Schaltung, Marathonbikes schalten auf 2 oder 3 Kettenblättern. Diese Bikes haben tendenziell auch etwas mehr Federweg. Beachten Sie: Solche Edelfullies sind nicht nur in der Erstanschaffung sehr teuer. Sie ziehen auch Folgekosten nach sich, die enorm sein können. Viele Leichtbauteile haben kurze Wartungs- bzw. Austauschzyklen. Zudem reagieren Carbonkomponenten, vor allem Laufräder, empfindlich auf Beschädigungen.

Technische Daten

Gewicht*: ca. 10,5–11,5 kg
Laufräder: meist 29 Zoll
Reifen: 2,1–2,3 Zoll
Rahmenmaterial: meist Carbon; gelegentlich kombiniert mit Aluminium.
Schaltung: Kettenschaltung, 1–3-fach (auch elektronisch).
Federung: Luft, 80–120 mm, gern mit Lockout (auch elektronisch).

* Bei Rahmengröße M/L

Highend-Klasse
ca. 3000–6000 €

Cross-Country-Hardtail
Vollblut-Racer

→ Das können Sie erwarten

Hier tummeln sich die Spitzenmodelle um ein Gewicht von 9 Kilo. Selbstkonfigurierte Bikes („custom-made") für kleine und leichte Fahrer unterbieten auch locker die 8-Kilo-Marke, wenn sie auf kleineren 26-Zoll-Laufrädern rollen. Grundlage solcher Aufbauten sind Rahmen, die kaum mehr als 1 Kilo wiegen. Standard bei CC-Hardtails sind 29 Zoll große Laufräder. Besonders in dieser Bike-Klasse machen sich die Vorteile im Abrollverhalten deutlich bemerkbar. So benötigen Rennfahrer auch kaum mehr als 80 mm Federweg an der Gabel – eigentlich nur ein Notpuffer. Viele Rennfahrer ziehen das Hardtail dem Fully vor, obwohl Vergleichstests mehrfach erwiesen haben, dass die zusätzliche Federung dem Fahrer hilft, seine Leistung besser umzusetzen. Dennoch fasziniert viele Racer der deutliche Gewichtsunterschied. Auch vermittelt das Hardtail ein noch besseres Beschleuni-gungsgefühl. Die Haltbarkeitswarnung (links) gilt für CC-Hardtails ebenso. Teils sind diese Bikes sogar nur bis zu einem bestimmten Fahrergewicht zugelassen.

Technische Daten

Gewicht*: ca. 9–10 kg
Laufräder: 27,5 oder 29 Zoll, selten 26 Zoll
Reifen: 2,1–2,3 Zoll
Rahmenmaterial: meist Carbon
Schaltung: Kettenschaltung, 1–3-fach (auch elektronisch).
Federung: Luft, 80–120 mm, gern mit Lockout (auch elektronisch).

* Bei Rahmengröße M/L

Mittelklasse
ca. 2000–4000 €

Cross-Country-Fully
Auch für Touren zu haben

→ Das können Sie erwarten

Im unteren Preisbereich geht es insgesamt etwas entspannter zu. Hier stößt man beispielsweise seltener auf Kurbeln mit nur einem Kettenblatt, findet gelegentlich sogar noch 3-fach-Kurbeln. Manchmal wird auch alternativ der Begriff „Marathon-Fully" für die kostengünstigeren Modelle verwendet, die dann tendenziell etwas entspanntere Geometrien mit weniger steilen Lenk- und Steuerwinkeln und auch mal einen Sattelschnellspanner (bei Race-Bikes vielfach ein Tabu) aufweisen. Da an diesen Bikes durchweg weniger Carbon an besonders gefährdeten Stellen wie den Laufrädern zum Einsatz kommt, sind sie etwas alltagstauglicher (d. h. kratz- und sturzresistenter). Was bleibt, ist ihre sportliche, auf Vortrieb ausgerichtete Geometrie. Beim Gewicht ist dagegen ein Plus von etwa 1 Kilo zu verbuchen. Spurtreue Modelle haben Radstände von über 1150 mm und Lenkwinkel um die 69 Grad. In Richtung der 2000-€-Marke nimmt die Renntauglichkeit rapide ab, was vor allem am steigenden Gewicht liegt. Fullies um die 2000 € sind bestenfalls Allrounder, mit denen man einmal im Jahr ein Hobbyrennen bestreiten will. Wählen Sie hier lieber ein Bike mit mehr Federweg und dickeren Reifen und lassen Sie sich nicht von farbenfrohen Teamlackierungen blenden. Wer ein günstiges, leichtes Race-Bike sucht, wird dann eher bei den Hardtails fündig.

Mittelklasse
ca. 1600–2900 €

Cross-Country-Hardtail
Für ernsthafte Amateure

→ Das können Sie erwarten

An der Schwelle zu 3000 € bieten viele Hersteller das beste Preis-Leistungs-Verhältnis für ernsthafte Amateur-Rennfahrer, die zudem selten über den Luxus verfügen, ein Trainings- und ein Race-Bike zu besitzen, sondern Rennen und Training auf ein und demselben Rad absolvieren. In Sitzposition und Geometrie unterscheiden sich die günstigeren CC-Hardtails selten von den teureren Luxus-Versionen, die ein gutes Kilo weniger wiegen. Wer über die nötige Kraft verfügt, kann auch hier mit 1x11-Schaltungen an Gewicht sparen und erhält ein Bike mit aufgeräumter Optik. Die Wartungskosten für diese puristische Übersetzung sind allerdings nicht geringer! Auch knapp unter 2000 € finden sich noch leichte Hardtails, die ein effizientes, kerniges Fahrgefühl vermitteln. Wählen Sie im unteren Preisbereich lieber das Modell mit dem (kaum schwereren) Alurahmen und den leichteren Komponenten anstelle des Carbon-Chassis, das vielleicht noch in bunter Team-Optik daherkommt. Letztere Variante hat meist ein deutlich höheres Gesamtgewicht. Ein realistisches Gewicht für ein Hardtail (29 Zoll) im unteren Preissegment sind 11 Kilo – mit Sattelschnellspanner, einem hilfreichen Utensil, auf das die Nobelversionen häufig verzichten.

All-Mountain-Bikes

Der Urbegriff von Mountainbiking: Alleskönner für Berg und Tal. Leichtfüßig bergauf, sicher bergab.

Man könnte sie auch einfach „Tourenbikes" nennen. Häufig findet sich dieser Begriff auch in Verkaufskatalogen und Bike-Shops. Egal, wie man sie nun nennen mag – diese Bikes sind gemacht für kurze, mittlere und tagelange Abenteuer im Gelände, für Mittel- wie Hochgebirge, kurz: für so gut wie alles. Mit Federwegen von 120 bis 150 mm vermitteln sie viel Fahrsicherheit, ohne jedoch spürbar schlechter zu klettern als die leichteren Race-Bikes.
Auch die All-Mountain-Klasse lässt sich weiter unterteilen: AM-Sport steht für weniger Federweg und geringeres Gewicht, geeignet auch für gelegentliche Rennen. Bei einem Gewicht von 11–12 kg und Federwegen unter 130 mm bilden sie den Übergang zu den Marathon-Bikes. Unter dem Namen AM+ laufen MTBs mit größerem Federweg (um 150 mm, abhängig von der Laufradgröße), auf denen man allenfalls beim Bergauffahren Abstriche machen muss. Bergab dagegen bieten sie viel Komfort und sind robust, weshalb sie auch etwas mehr wiegen. Der Übergang zur Enduro-Klasse ist fließend.
Zu 95 % werden unter dem Label All-Mountain Fullies angeboten. Doch als Exoten finden sich auch einige Hardtails, die einen derart breiten Einsatzbereich versprechen. Den Anfang machen auf den folgenden Seiten die leichten AM-Bikes der Kategorie AM-Sport.

All-Mountain-Sport

Tourer mit Renn-Potenzial

→ Das können Sie erwarten

Nicht mehr CC-Race-Bike, aber dennoch kompromisslos beim Bergauffahren. Der typische Einsatzbereich dieser Bikes sind höhenmeterreiche Touren, aber auch Marathonrennen. Nicht jedes AM-Sport-Bike ist so rennorientiert wie das abgebildete, etwa 11 kg leichte Modell, das auch entsprechend teuer ist. Jedoch sind 130 mm Federweg das Maximum in dieser Kategorie – wenn das Bike mit 27,5-Zoll-Rädern ausgestattet ist. Die meisten Sport-All-Mountains rollen jedoch auf 29ern und haben dann eher 120 mm Federweg. Im Highend-Bereich erwartet Sie Carbon in allen möglichen Verwendungsformen. Gewichte von unter 12 kg sind im Top-Bereich Normalität. Gegenüber reinen Race-Bikes sind meist Komfort-Elemente wie hydraulisch versenkbare Sattelstütze und voluminöse Reifen verbaut. Und auch die Reifen sind einen Tick gröber und voluminöser.

Schließlich sollen Fahrspaß und Fahrsicherheit nicht zu kurz kommen.

Technische Daten

Gewicht*: ca. 11–12 kg
Laufräder: 27,5 oder 29 Zoll
Reifen: 2,2–2,3 Zoll
Rahmenmaterial: Aluminium oder Carbon; gelegentlich eine Mixtur aus beiden Materialien.
Schaltung: Kettenschaltung, 1–3-fach.
Federung: Luft, ca. 130 mm (27,5 Zoll); 120–130 mm (29 Zoll), gern mit Lockout.

* Bei Rahmengröße M/L

Mittelklasse
ca. 1500–3500 €

All-Mountain-Sport

Sportlicher Tourer

→ Das können Sie erwarten

Häufig werden Bikes dieser Klasse auch als Tourenbikes verkauft. Und darin liegt auch ihr Haupteinsatzbereich. Doch manche Vertreter dieser sehr breiten und vielfältigen Klasse können noch mehr. Ein Modell aus dem unteren Preisbereich wird mit etwa 13 kg vielleicht noch nicht zur Teilnahme an einem Langstreckenrennen (Marathon) herausfordern. Preisbewusste Hersteller bieten jedoch ab 3000 € AM-Sport-Bikes um 12 kg an, mit denen man durchaus Rennerfahrungen sammeln kann, vielleicht auch bei einem Hobby-Cross-Country-Rennen. Gerade im unteren Preisbereich gilt es sensibel abzuwägen: Brauchen Sie eine vom Lenker aus steuerbare Gabelblockierung? Bei den eher knappen Federwegen von 120–130 mm ist das eigentlich unnötig. Dagegen bringt eine Variostütze wirklichen Komfortgewinn. Auch Carbonteile sind in dieser Preisklasse eher Eyecatcher und bringen wenig funktionalen Mehrwert.

Technische Daten

Gewicht*: ca. 12–13,5 kg
Laufräder: 27,5 oder 29 Zoll
Reifen: 2,2–2,3 Zoll
Rahmenmaterial: Aluminium oder Carbon; gelegentlich eine Mixtur aus beiden Materialien. Im unteren Preissegment ist Aluminium zu bevorzugen.
Schaltung: Kettenschaltung, 1–3-fach.
Federung: Luft, ca. 130 mm (27,5 Zoll); 120–130 mm (29 Zoll), gern mit Lockout.

* Bei Rahmengröße M/L

All-Mountain-Fully
Ein Bike für Alle(s)

→ Das können Sie erwarten

Hier vereinen sich die Kernelemente der Bike-Technik: Leichtbau und Robustheit. Selten wiegen diese Bikes mehr als 13 kg, sodass auch mehrere tausend Höhenmeter am Tag möglich sind, wenn Sie es denn möchten. Die Fahrwerkstechnik unterdrückt Wippen wirkungsvoll – beispielsweise durch eine mechanische Plattform oder ein Elektro-Lockout. Häufig erleichtert das Fahrwerk auch den Uphill mittels Federwegsreduktion.

Die Sitzposition ist relativ aufrecht, ohne dass das Bike frühzeitig aufbäumt. Gemäßigte Winkel sorgen für gutmütiges Handling. Breite Reifen und satte Federung ermöglichen hohe Geschwindigkeiten bergab. Eine per Knopfdruck vom Lenker aus absenkbare Sattelstütze gehört zum guten Ton und vermittelt bei jeder noch so kurzen Bergabpassage zusätzliche Sicherheit. Aus Gewichtsgründen werden meist Kettenschaltungen verbaut, gelegentlich auch mit nur einem Kettenblatt.

Technische Daten

Gewicht*: ca. 13–14 kg
Laufräder: 27,5 oder 29 Zoll
Reifen: 2,3–2,4 Zoll
Rahmenmaterial: Aluminium oder Carbon; gelegentlich eine Mixtur aus beiden Materialien.
Schaltung: Kettenschaltung, 1–3-fach.
Federung: Luft, 140–150 mm (27,5 Zoll); 130–150 mm (29 Zoll), gern mit Lockout.

* Bei Rahmengröße M/L

Highend-Klasse
ca. 3000–6000 €

All-Mountain-Hardtail

Exotisch: ungefederte Allrounder

→ Das können Sie erwarten

Hardtails sind in der All-Mountain-Kategorie rar gesät und genießen deshalb den Status von Exoten. Sie haben aber durchaus ihre Berechtigung, denn der Verzicht auf Heckfederung bedeutet weniger Wartungskosten und ein aktiveres Fahrgefühl. Das muss man allerdings mögen.

Nur wenn Sie selten und ungern auf holprigen Wegen fahren, leidet das Fahrvergnügen nicht. Dafür sind Hardtails prinzipiell alltagstauglicher. Beispielsweise spielt es keine Rolle, ob Sie mit einem schweren Rucksack fahren. Teure All-Mountain-Hardtails sind fast ausschließlich custom-made, oft können Sie die Geometrie selbst bestimmen. Exotische Antriebe wie das Pinion-Getriebe mit Riemenantrieb (s. Foto) kommen durchaus vor. Sie treiben das Gewicht in diesem Fall allerdings über die 14-Kilo-Grenze.

Technische Daten

Gewicht*: ca. 11–14 kg
Laufräder: 27,5 oder 29 Zoll
Reifen: 2,3–2,4 Zoll
Rahmenmaterial: Aluminium oder Carbon
Schaltung: Kettenschaltung, 1–3-fach.
Federung: Luft, 140–150 mm (27,5 Zoll); 130–140 mm (29 Zoll), gern mit Lockout.

* Bei Rahmengröße M/L

Mittelklasse
ca. 1800–3000 €

All-Mountain-Fully

Günstige Alleskönner

→ Das können Sie erwarten

Bei einigen Herstellern erhalten Sie für 3000 € bereits ein AM-Bike, das keine Wünsche offen lässt und allenfalls ein Kilo schwerer ist als das 9000-€-Bike eines anderen Herstellers. In Bezug auf Stabilität nehmen Sie in dieser Klasse ohnehin keine Nachteile in Kauf, vielmehr dürfen Sie vielfach mit stabileren und steiferen Laufrädern rechnen. Auch der Federungskomfort ist bei den günstigeren Bikes nicht prinzipiell schlechter. Allerdings muss man oft auf die Top-of-the-Line-Federelemente mit reibungsreduzierten Beschichtungen verzichten. Das ist angesichts des geringeren Preises gut zu verschmerzen. Auf jeden Fall sollte eine Vario-Sattelstütze im Sitzrohr stecken. Sie ist ein Garant für unbeschwerten Fahrspaß.

Mittelklasse
ca. 1400–2500 €

All-Mountain-Hardtail
Günstige Lösung für Spezialisten

→ Das können Sie erwarten

Wenn Sie weitgehend auf geröll- und wurzelfreien Pfaden unterwegs sind und das Bike auch im Alltag einsetzen möchten, kann ein AM-Hardtail interessant für Sie sein. Gegenüber dem Fully spart die fehlende Heckfederung gut 500 €. Meist sind die Geometrien dieser Bikes auch besonders quirlig und auf Fahrspaß ausgelegt. Damit sind AM-Hardtails für bestimmte Einsatzbereiche wie etwa Pumptracks besser geeignet als ihre vollgefederten Pendants, bei denen die Heckfederung wertvolle Energie absorbiert. In punkto Ausstattung braucht man ab etwa 2000 € keine Kompromisse einzugehen und findet dann häufig schon Top-Federgabeln und -Schaltungen. Auch hier ist eine vom Lenker aus versenkbare Sattelstütze obligatorisch.

All-Mountain-Plus (AM+)
Bügelmaschine

→ Das können Sie erwarten

Diese All-Mountain-Spielart legt den Fokus etwas deutlicher aufs Bergabfahren. Dazu besitzen die Bikes etwas mehr Federweg, teils bis zu 160 mm an der Gabel (bei 26 und 27,5 Zoll). Manche AM-Plus-Bikes rollen auf 29-Zoll-Rädern, was sie besonders gegenüber der sonst sehr ähnlichen Enduro-Klasse abhebt. Die Unterscheidung zwischen AM+ und Enduro ist fast schon Haarspalterei. Auch zahlreiche Hersteller legen ihre federwegreichen Bikes nicht exakt auf eine dieser Kategorien fest. Fest steht: Die Komponenten, besonders Laufräder und Reifen, sind bei AM+ auf Stabilität ausgelegt. Dadurch liegt das Gewicht (bei ähnlichem Preis) etwa 1 kg über dem der normalen All-Mountain-Bikes. Das Handling wiederum kann sich an den tendenziell eher laufruhigen Enduro-Bikes orientieren. Andere Modelle fahren sich quirlig und verspielt. Nur bei Dum-ping-Preis-Anbietern findet man bereits um 2500 € ein AM+ mit hochwertigem Fahrwerk und auch sonst ordentlicher Ausstattung. Für 3500 € ist durchaus mit einem Bike unter 14 kg und sattem Fahrwerk zu rechnen.

Technische Daten

Gewicht*: ca. 13–14 kg
Laufräder: 27,5 oder 29 Zoll, selten 26 Zoll
Reifen: 2,3–2,4 Zoll
Rahmenmaterial: Aluminium oder Carbon; gelegentlich eine Mixtur aus beiden Materialien.
Schaltung: Kettenschaltung, 1–2-fach.
Federung: Luft, 150–160 mm (27,5 Zoll); 140–150 mm (29 Zoll), gern mit Lockout.

* Bei Rahmengröße M/L

Auf leichten Strecken bevorzugen selbst professionelle Enduro-Rennfahrer aufgrund des geringeren Gewichts gelegentlich AM-Plus-Bikes.

Enduro-Bikes

Gemütlich bergauf, im Renntempo bergab. Enduro ist ein Rennformat, doch diese Bikes funktionieren genau so gut auf gemütlichen Touren.

Enduro – das sind Motorrad-Langstreckenrennen, die aus mehreren Etappen bestehen. So ähnlich ist das auch im Bikesport, wo bei einem typischen Rennen ca. 1500 Höhenmeter auf etwa 40 km bewältigt werden. Die Zeit wird dabei auf etwa fünf Bergabpassagen gestoppt. Damit stehen die Anforderungen für Enduro-Bikes fest: Sie müssen den Piloten ohne großen Kraftverlust in gemütlichem Tempo hinaufbefördern. Auf der Abfahrt hingegen geht es um alles. Deshalb liegen die Federwege zwischen 160 und 180 mm (bei 26 und 27,5 Zoll; bei 29 Zoll um 150 mm), wobei fein abstimmbare Federelemente mit ausgeklügelten Dämpfungssystemen zum Einsatz kommen. Laufräder und Reifen strotzen vor Stabilität, lassen sich aber auf gelegentlichen Bergprüfungen noch ordentlich beschleunigen. So spezialisiert Enduro-Bikes sind, so groß ist ihre Fangruppe. Denn auch auf Bergtouren ohne Stoppuhr können diese Qualitäten überzeugen. Auch in Bikeparks werden Enduros gelegentlich gesichtet. Gerade bei günstigen Modellen kann es jedoch vorkommen, dass sich gut 16 Kilo Metall gegen die Hangabtriebskraft stemmen. Bedenkt man, dass dabei bis zu 180 mm Fahrwerk ins Schaukeln geraten können, wird klar: Hierfür ist ordentlich Kondition nötig.

Enduro-Bike
Racebike, nicht nur für Profis

→ Das können Sie erwarten

Die meisten Bikes dieser Klasse rollen auf 27,5-Zöllern. Diese Laufradgröße bildet einen Kompromiss aus Laufruhe und Agilität. 29 Zoll ist noch eher selten vertreten, während 26-Zöller immer weniger werden. Das konstruktive Augenmerk liegt auf einem schluckfreudigen und antriebsneutralen Fahrwerk. Teure Komponenten und der Einsatz von Kunststoffen drücken das Gewicht der Topmodelle knapp unter die 13 Kilo-Schwelle. Aus diesem Grund wird auch häufig ein 1x11-Antrieb verwendet, der zudem gewährleistet, dass die Kette nicht abspringt. Variosattelstützen gehören zur Standardausstattung. Angesichts des massiven Federwegs ist das niedrige Gewicht beeindruckend. Denn die Bikes sind immerhin robust genug, um (gelegentlich) Downhill-Strecken in Bikeparks zu überstehen.

Technische Daten

Gewicht*: ca. 13–14 kg
Laufräder: meist 27,5, seltener 29 Zoll
Reifen: 2,3–2,4 Zoll
Rahmenmaterial: Aluminium oder Carbon; gelegentlich eine Mixtur aus beiden Materialien.
Schaltung: Kettenschaltung, 1-fach, selten 2-fach.
Federung: Luft, 160–180 mm (27,5 Zoll); 140–150 mm (29 Zoll), gern mit Lockout.

* Bei Rahmengröße M/L

Mittelklasse
ca. 2500–4000 €

Enduro-Bike
Bergab-Spezialist mit Tourenqualitäten

→ Das können Sie erwarten

Die Eckdaten (Laufradgröße, Feder weg) gleichen natürlich den ultrateuren Pendants. Auch die Enduro-Mittelklasse verwöhnt mit sattem Fahrgefühl bergab, wenn auch die Federelemente nicht immer alle Verstellmöglichkeiten bieten (bspw. getrennte Verstellbarkeit von Zug- und Druckstufendämpfung), wie bei den Highend-Bikes. Vielfach bieten solche Optionen dem Normalbiker ohnehin keinen Mehrwert. Eher bemerkbar machen sich griffige, aber leichte Reifen und robuste Räder, wie sie sich an den meisten dieser Bikes finden. Eine Variostütze sollte auch das günstigste Enduro besitzen. Der größte Unterschied liegt mal wieder beim Gewicht, das hier – aufgrund der günstigeren Bauteile – 1–2 Kilo höher und auch mal um die 16 Kilo liegt. Carbonrahmen sind in der untersten Preisklasse wenig sinnvoll.

Freeride-Bikes

Diese Mountainbikes sind auf spielerisches Bergab-fahren getrimmt. Fürs Bergauffahren sind sie nur noch bedingt geeignet.

Freeriding gab dem Bikesport in den späten 1990er-Jahren wichtige Impulse. Davor hatte es mit Cross-Country und Downhill nur relativ rigide Wettbewerbsformen gegeben. Mit Freeride wurde der Bike-sport spektakulär und eroberte ein breiteres Publikum.

Es begann als eine Art Stunt-Biking. Ausgerüstet mit schweren Bikes mit viel Federweg, begannen einige Nordamerikaner damit, sich Abbruchkanten hinabzustürzen und im Wald über Holzrampen zu springen. Etwa gleichzeitig eröffneten auf der ganzen Welt die ersten Bikeparks, in denen Lifte das Bergauffahren übernahmen. Auch dort fanden sich neben den klassischen Downhillstrecken bald Holzhindernisse und Kombinationen aus Sprüngen und Steilkurven. Freeriding ist die offenste und vielseitigste Form des Mountainbiking. Während eine Elite von waghalsigen und talentierten Fahrern jähr-liche neue Rekorde bei Flughöhe, -weite und Rotationszahl aufstellt, kann sich jeder, der sich im Rahmen seiner Möglichkeiten beim Bergabfahren ein wenig Nervenkitzel verschafft, als Freerider fühlen. Die entsprechenden Bikes sind schwer, haben reichlich Federweg und ordentliche Stabilitätsreserven. Im unteren Gewichtsbereich fin-den sich Modelle, mit denen man relativ problemlos bergauf fahren kann. Reine Parkbikes hingegen weisen bereits Übersetzungen auf, mit denen an Bergauffahren gar nicht mehr zu denken ist.

Preisklasse
ca. 1800–4500 €

Freeride-Bike
Robuste Spaßmaschine

→ Das können Sie erwarten

In dieser Kategorie erhalten Sie auch im unteren Preisbereich bereits sehr interessante Bikes. Der Hauptgrund dafür ist, dass Freerider nicht dem Gewichtswahn unterliegen. Gewichte von unter 16 Kilo sind die Ausnahme, gelegentlich kann die Waage 18 Kilo anzeigen. Meist stecken in den Federelementen robuste Stahlfedern, die bestes Ansprechverhalten bieten und höchstens einmal im Jahr nach neuem Öl verlangen. 180 mm Federweg sind der Standard bei Freeridern, von dem selten abgewichen wird. Besonders stabil sind auch die – meist 26 Zoll messenden – Laufräder. Auf den möglichst breiten Felgen sollten breite Reifen (zwischen 2,3 und 2,5 Zoll) mit dick gummierten Seitenwänden montiert sein. Freerider haben oftmals eine hohe Front und eine eher gedrängte Sitzposition. Dennoch sollten Sie das Gefühl haben, Ihr Körpergewicht gut über dem Bike verteilen zu

können, wenn Sie darauf stehen. Auch vermindert ein zu hoher Lenker das kontrollierte Steuern. Freerider wie das abgebildete Modell, die aufgrund des Einfachkettenblatts allenfalls Gegenanstiege bewältigen können, laufen auch unter dem Begriff „Parkbikes". Legen Sie Wert darauf, Anstiege auf Ihrem Freerider selbst zu erklimmen, sollte dieser mit einer schaltbaren Kurbelgarnitur ausgestattet sein.

Technische Daten

Gewicht*: ca. 16–18 kg
Laufräder: 26 Zoll
Reifen: 2,4–2,5 Zoll
Rahmenmaterial: Aluminium, seltener Carbon
Schaltung: Kettenschaltung, 1–2-fach.
Federung: Stahlfeder, meist 180 mm, gelegentlich Luftfederung am Heck.

* Bei Rahmengröße M/L

Preisklasse
ca. 1500–4000 €

Slopestyle-Bike
Spezialist für Flugmanöver

→ Das können Sie erwarten

Wenn junge Burschen mit engen Hosen und Calimero-Helmen durch die Luft wirbeln, hat man es meist mit Slopestyle-Wettbewerben zu tun. Wenn die Sprünge besonders groß und die Strecken dazwischen etwas uneben sind, kommen häufig spezielle Slopestyle-Bikes zum Einsatz. Sie sind eine Mischung aus Freeride- und Dirtbikes. Anders als bei Dirtbikes ist ihr Hinterrad gefedert – wenn auch marginal. Denn zu viel Federweg würde beim Absprung an teilweise 90 Grad steilen Rampen stören. Die Federung dient mehr als Notreserve bei verpatzten Landungen und beträgt maximal 120 mm. Die Ausstattung ist spartanisch: Eine Gangschaltung sucht man meist vergeblich, auch eine Vorderradbremse ist nicht obligatorisch – ihr Schlauch würde bei Rotationstricks stören.

Slopestyle-Wettbewerb 2014 in Nürnberg.

Preisklasse
ca. 500–1500 €

Dirtbikes
Zum Fliegen und Pushen

→ Das können Sie erwarten

Dirtbikes sind ideal für präparierte Strecken, speziell für BMX-Bahnen, Pumptracks und Jumptrails. Solche Bikes, von Amerikanern auch Trailbikes genannt, haben eine sehr kompakte Geometrie und einen besonders stabilen Rahmen. Die Frontfederung dient als Notpuffer, mehr als 120 mm sind wenig sinnvoll, da sonst das Absprungverhalten verfälscht würde. Die Reifen benötigen kaum Profil, denn der Untergrund ist immer definiert und griffig. Diejenigen, die mit ihren Dirtbikes Tricks machen, verzichten auch auf eine Vorderradbremse, die bei Rotationen nur Kabelsalat verursachen würde. Dennoch sind Dirtbikes nicht nur für Extremisten interessant: Auf Pumptracks kann damit jedermann geschmeidiges Fahren üben – ohne jede Gefahr. Garantiert!

Auf Pumptracks beschleunigt ein Dirtbike wesentlich besser als ein konventionelles MTB.

Preisklasse
ca. 2000–5000 €

Fourcross-Bikes
Race-Spezialisten

→ Das können Sie erwarten

Fourcross ist eine Rennform, die für Zuschauer besonders spannend ist. Auf einer kurzen Bergab-Strecke kämpfen vier Fahrer gleichzeitig um die Führung. Es geht darum, die zahlreichen Hindernisse mit wenig Geschwindigkeitsverlust zu überstehen und zwischendurch immer wieder zu beschleunigen. Viele Fahrer schwören auf Hardtails, die Dirtbikes ähneln, jedoch laufruhiger und leichter sind. Andere bevorzugen Fullies, um bei verpatzten Sprüngen einen Rettungsanker zu haben. Auch hier liegen die Federwege unter 140 mm, die Laufradgröße ist 26 Zoll. Nur wenige Hersteller bieten solche Komplettbikes an. Die auf Leichtbau und zugleich hohe Stabilität getrimmte Ausstattung treibt den Preis eines Fourcross-Bikes relativ hoch. Auch Selbstbau ist hier eine Option.

Packend für die Zuschauer, gefährlich für die Sportler: Fourcross-Rennen.

Downhill-Bikes

Reichlich Federweg, robust und dennoch leicht: Diese Mountainbikes sind spezialisiert aufs Bergabfahren – am besten zwischen Flatterband.

Vielleicht 1000 Menschen gehen in Deutschland dem Downhillsport nach. Sie jagen steile, mit Wurzeln übersäte und kurvige Strecken hinab, die mit zusätzlichen Hindernissen gespickt sind. Zehntelsekunden entscheiden über Sieg oder Niederlage. Die Topfahrer, von denen es in Deutschland keine zwei Dutzend gibt, sind austrainierte Athleten mit dem Reaktionsvermögen und Mut von Jetpiloten. Ihre Bikes müssen heftige Schläge bei Highspeed wegschlucken, ohne vom vorgesehenen Kurs abzukommen. Anders als bei den Bikes der Kategorie Freeride spielt jedoch das Gewicht eine entscheidende Rolle. Denn wo es um Sekundenbruchteile geht, zählt jede Möglichkeit der Beschleunigung. Manche Rennstrecken haben zudem flache Tretpassagen. Da darf das Fahrwerk nicht nachgeben, sondern muss jedes Watt Tretleistung in Vortrieb umsetzen. Um die Bikes optimal auf wechselnde Strecken und Bedingungen abzustimmen, bieten sie verschiedene Verstellmöglichkeiten, was Federweg (hinten), Radstand, Kettenstrebenlänge, Dämpfungsprogression und Lenkwinkel betrifft. Prinzipiell sind sie aber dem Prinzip „Länge läuft" verpflichtet, haben im MTB-Universum also die längsten Radstände. Auch die Lenkwinkel lassen sich sehr flach einstellen. Diese Bike-Gattung bildet die Avantgarde in punkto Fahrwerkstechnik.

Preisklasse
ca. 2500–9000 €

Downhill-Bike
Federweg satt, dennoch leicht

→ Das können Sie erwarten

Die klassische Laufradgröße von 26 Zoll findet sich noch an den meisten dieser Bikes, jedoch kommen immer mehr 27,5-Zöller auf den Markt. Möglich sind, aufgrund der variablen Geometrien, auch Mischlösungen verschiedener Laufradgrößen. 16 Kilo sind das Zielgewicht renntauglicher DH-Bikes, sehr teure Modelle unterbieten die Marke noch ein wenig. Um das zu erreichen, werden häufig Luftfederelemente, vor allem am Heck, verwendet. Ein neuralgischer Punkt sind die Laufräder, besonders die Reifen. Die Flanken der 2,3–2,5 Zoll breiten Reifen müssen sich in sandigen Untergrund fräsen und auch bei Regen auf glitschigem Gestein greifen. Je nach Strecke ändert sich die Reifenwahl. Manche Hersteller statten ihre Bikes mit Tubeless-Laufrädern aus, doch auch damit ist man nicht sicher vor Plattfüßen. Viele DH-Fahrer bauen ihr Bike auf der Grundlage eines Rahmensets selbst auf, um es noch besser auf ihre Bedürfnisse abzustimmen.

Technische Daten

Gewicht*: ca. 15–18 kg
Laufräder: 26, selten 27,5 Zoll
Reifen: 2,3–2,5 Zoll
Rahmenmaterial: Aluminium oder Carbon; gelegentlich eine Mixtur aus beiden Materialien.
Schaltung: Kettenschaltung, 1-fach.
Federung: Stahlfeder, 180–200 mm vorn, 180–240 mm hinten; gelegentlich Luftdämpfer.

* Bei Rahmengröße M/L

Preisklasse
ca. 2500–6500 €

Big-Bike
Spezialbike für härteste Einsätze

→ Das können Sie erwarten

Big-Bikes sind Downhill-Bikes ohne Gewichtsbeschränkung. Mit diesen Bikes ist Bergauffahren nur besonders hartgesottenen Menschen zu empfehlen. Die massive Bauweise mit Doppelfedergabel lässt die Waage über 18 Kilo schnellen. Federwege um 200 mm bügeln Waschbrettpisten glatt und nehmen kindskopfgroßen Steinen den Schrecken. Die Laufräder – so gut wie ausschließlich 26 Zoll – stecken die dabei entstehenden Belastungsspitzen locker weg. Wem das schwache Beschleunigungsverhalten egal ist, kann damit durchaus Abfahrtsrennen bestreiten. Ansonsten findet man sie überall dort, wo zusätzliche Federwegsreserven das Selbstvertrauen steigern sollen.

Etwa 10 m tiefer Sprung bei einem Freeride-Wettbewerb.

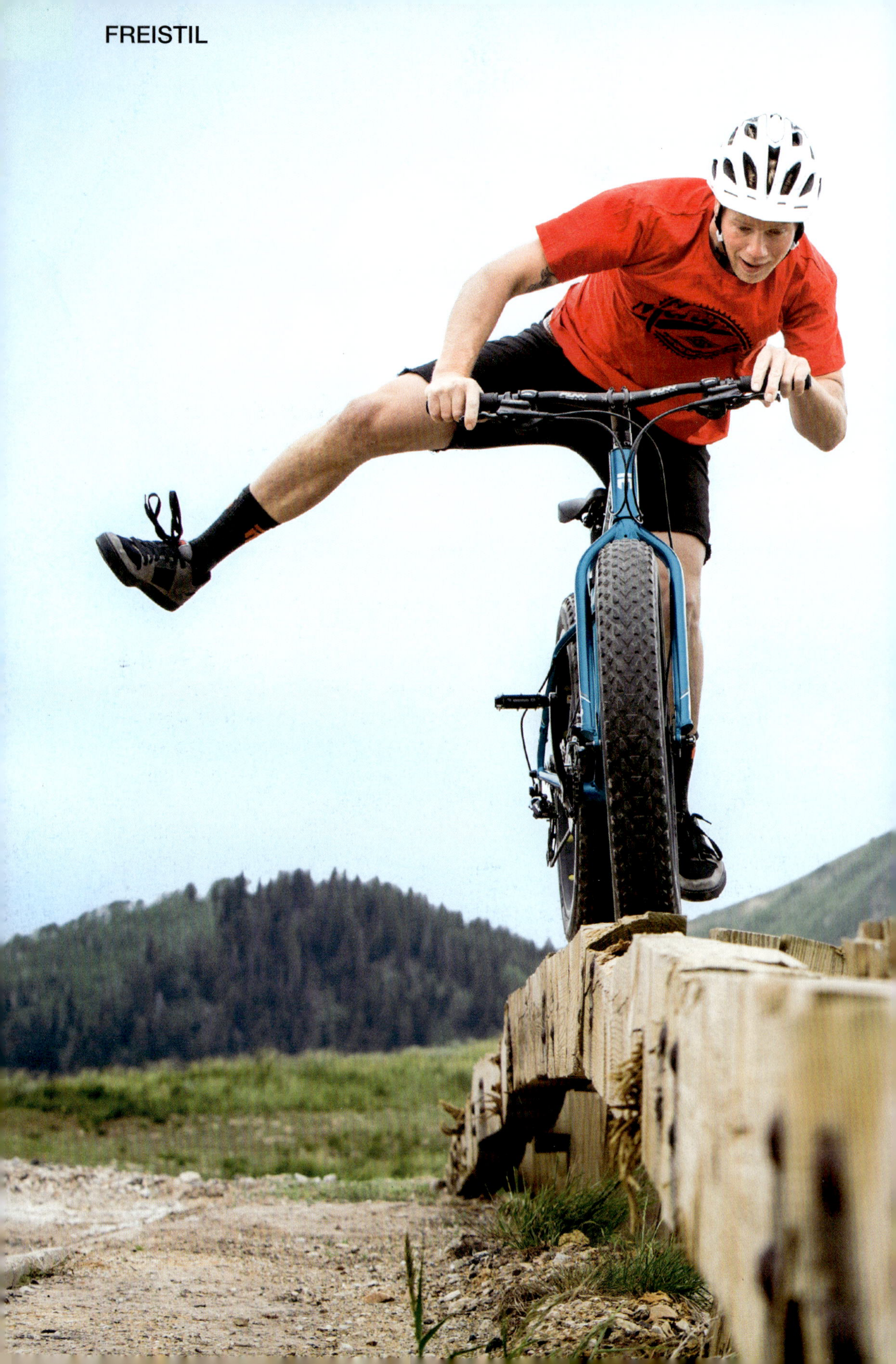

Fat-Bikes

Fett rollt besser: Auf bis zu 4,8 Zoll breiten Walzen rollen die Fatties überraschend leicht und sind für schwieriges Gelände erste Wahl.

In den vergangenen Jahren sind viele traditionelle Werte im Mountainbiking über Bord geworfen worden. Es begann damit, dass 26 Zoll als die einzig wahre Laufradgröße infrage gestellt wurden. Und so langsam gewöhnt man sich auch an den Anblick von Ultrabreit-Bereifung. Bereits in der Frühzeit des Mountainbiking wurde mit Doppel- oder gar Dreifachreifen experimentiert. Man sah solche Konstruktionen bei Langstreckenrennen in Alaska oder durch Wüsten. Erst heute allerdings lassen sich durch moderne Fertigungstechnik und edle Materialien die prinzipiellen Nachteile der dicken Reifen deutlich reduzieren. Der größte Vorteil extrem voluminöser Reifen liegt in deren souveränem Überrollverhalten.
Hindernisse wie Wurzeln und Kanten stören den Vortrieb deutlich weniger als bei Rädern mit geringerem Durchmesser. Obwohl die Reifengröße nominell nur 26 Zoll beträgt (das betrifft den Durchmesser am Felgenhorn), haben 4,8 Zoll breite Schlappen faktisch einen Außendurchmesser von 30,2 Zoll – mehr also als die ohnehin laufruhigen 29-Zöller! Gepaart mit einem fahrbaren Luftdruck von 0,5 Bar (normal sind 1,8 Bar) ergibt sich ein enormer Fahrkomfort, der sogar Federung verzichtbar macht. Hinzu kommt eine immense Traktion, die sich besonders auf losem Untergrund wie Sand, Schlamm und Schnee auszahlt. Der Rollwiderstand der Knubbelreifen ist dabei nicht wesentlich höher als bei schmalen Reifen. Was das Fahrverhalten insgesamt träger macht, ist das deutlich höhere Gesamtgewicht der Laufräder (etwa 7 Kilo gegenüber 4,5 bei 29-Zöllern).

Preisklasse
ca. 3000–8000 €

Fat-Bike-Fully
Exotische Optik, breiter Einsatzbereich

→ Das können Sie erwarten

Vollfederung stellt Konstrukteure von Fatbikes vor besondere Herausforderungen. Schwierig ist es vor allem, der Schwinge trotz der breiten Hinterradaufnahme ordentliche Seitensteifigkeit zu verleihen. Hier lohnt es sich, die Messwerte in den Zeitschriftentests genau zu studieren. Besonders dann, wenn man selbst nicht zu den Leichtgewichten zählt und besonderen Wert auf knackige Antritte legt. Sofern es preislich infrage kommt, ist ein Fully dem Hardtail vorzuziehen. Denn auch wenn fettbereifte Hardtails bereits komfortabel sind: Alle Vorteile des Systems vereint nur das Fully. Allerdings stehen diese Bikes erst am Anfang ihrer Entwicklung, sodass bislang nur wenige Modelle mit einem vernünftigen Gewicht aufwarten. Bei über 15 Kilo hört der Spaß nämlich schnell auf.

Technische Daten

Gewicht*: ca. 14–16 kg
Laufräder: 26 Zoll
Reifen: 4,0–4,8 Zoll
Rahmenmaterial: Aluminium oder Carbon; gelegentlich eine Mixtur aus beiden Materialien.
Schaltung: Kettenschaltung, 1–3-fach.
Federung: Luft, ca. 150 mm, gern mit Lockout.

* Bei Rahmengröße M/L

Fat-Bike-Hardtail

Gemütliche Fahrmaschine

→ Das können Sie erwarten

Bei den günstigsten Fatbikes werden Sie größtenteils auf eine Federgabel verzichten müssen. Dies ist aber nicht unbedingt ein Nachteil, denn eine gefederte Gabel wiegt stets 500 Gramm mehr als eine starre. Zudem entfalten bereits die Reifen eine ordentliche Federwirkung. Bis zu einem gewissen Grad werden Schläge sogar gedämpft. Wer allerdings oft auf holprigen Strecken unterwegs ist, wird eine Federgabel zu schätzen wissen, die bei höheren Geschwindigkeiten das Aufschaukeln wirksam verhindert. Sitzposition und Lenkwinkel unterscheiden sich nicht grundsätzlich von 29-Zoll-Hardtails. Auch der Schwerpunkt liegt recht tief. Problematisch kann der deutlich weitere Kurbelabstand sein, der durch das 100 mm breite Innenlager bedingt ist.

Technische Daten

Gewicht*: ca. 11–14 kg
Laufräder: 26 Zoll
Reifen: 4,0–4,8 Zoll
Rahmenmaterial: Aluminium oder Carbon; gelegentlich eine Mixtur aus beiden Materialien.
Schaltung: Kettenschaltung, 1–3-fach.
Federung: Luft, 120–150 mm, z.T. auch ohne Federung.

* Bei Rahmengröße M/L

E-Bikes

Der Traum vom schwerelosen Radfahren: Mit E-Bikes kommt man ihm ein bisschen näher. Die Vielfalt an Bikes, die unter Strom stehen, ist bereits enorm. Verschiedenste Konzepte für diverse Einsatzbereiche buhlen um Kundschaft.

Seit einigen Jahren gibt es nun auch Mountainbikes mit Elektromotor. Ihre Vielfalt ist mittlerweile ähnlich groß wie bei den „normalen" Bikes: zahme Hardtails für Schotterpisten, vollgefederte Tourenspezialisten und sogar Federwegmonster mit kräftigem Zusatzantrieb. Nur eines wird man vermissen: schlanke Race-Bikes für den Wettkampfeinsatz. Das liegt nicht allein an der sportlichen Fairness. Es ist schlicht so, dass E-Bikes (noch) ein Gewichtsproblem haben und sich nicht so geschmeidig im Gelände bewegen lassen wie 9 Kilo leichte Hardtails. Dafür jedoch gibt es andere Zielgruppen für E-Bikes. So ermöglichen sie es beispielsweise konditionell Schwächeren, auch an längeren Ausfahrten mit gut Trainierten teilzunehmen. Die Elektrounterstützung kann den Genussfaktor dabei erheblich steigern: Man genießt die Landschaft intensiver, wenn man weniger schwitzt, und hat größere Reserven, sich auf die Fahrtechnik zu konzentrieren. Dabei ist es ein Trugschluss, dass E-Mountainbiken nicht

anstrengend sei. Schließlich lassen die meisten Modelle dem Fahrer die Wahl, wie viel Unterstützung aus dem Motor kommen soll. Wer auf Touren über 50 km oder mit deutlich mehr als 1000 Höhenmetern noch Zusatzschub haben will, muss ohnehin fleißig mitpedalieren und auf „Eco-Mode" schalten. E-Bikes können also den Handlungsspielraum von Mountainbikern enorm erweitern. Eltern können so problemlos einen Kinderanhänger ziehen, ohne die Länge einer Tour zu reduzieren. Momentan bildet der Akku – neben dem hohen Gesamtgewicht – den limitierenden Faktor. Dabei spielen weniger die Kilometer als vielmehr die Höhenmeter die entscheidende Rolle. Nach etwa 1000 Höhenmetern mit mäßiger Unterstützung geht den besten Akkus die Puste aus. S-Pedelecs haben zwar mehr Reserven, jedoch unterliegen sie so starken Reglementierungen, dass man sie kaum noch als Mountainbikes bezeichnen möchte. Deshalb werden Beispiele aus dieser Klasse auf den folgenden Seiten auch nicht vorgestellt.

+   Vor- und Nachteile   -

· Erleichterung beim Bergauffahren

· Preis
· Gewicht
· meist deutlich trägeres Fahrverhalten
· begrenzte Reichweite
· umweltschädliche Akkus

§ Die rechtliche Seite

Leicht motorisierte E-Bikes, die ohne Fahrerleistung in der Ebene 25 km/h erreichen, nennt der Gesetzgeber Pedelecs. Sie unterliegen keinen gesonderten Bestimmungen. Erreicht das E-Bike von allein bis zu 45 km/h, nennt man es S-Pedelec und gilt als Kleinkraftrad. Also sind ein entsprechender Führerschein sowie Versicherungskennzeichen und Helm vorgeschrieben. Noch schnellere E-Bikes (über 45 km/h) erfordern gar ein Nummernschild, eine Zulassung und regelmäßige Hauptuntersuchung. Jedoch gibt es auch E-Bikes ohne offizielle Zulassung, die dann allerdings nicht auf öffentlichen Wegen benutzt werden dürfen.

Preisklasse
ca. 2000–3500 €

Hardtail mit Heckmotor
Für Touren im einfachen Gelände

→ Das können Sie erwarten

Die günstigste Möglichkeit, elektrisch zu fahren, stellt immer ein Hardtail dar, in dem häufig ein Nabenmotor verbaut ist. Bei den niedrigeren Preisen (etwa um 2200 €) muss man mit einer sehr sparsamen Ausstattung rechnen, die noch unter dem Niveau eines gewöhnlichen 1000-€-Hardtails liegt. Das Gewicht dagegen liegt etwa 10 kg darüber, also bei etwa 22 kg. Insbesondere durch billige Federgabeln und Bremsen kann die Geländegängigkeit bereits eingeschränkt sein. Der Heckmotor bringt eine hohe, ungefederte Masse mit sich. Das Bike kann sich deshalb „bockig" anfühlen. Gewöhnungsbedürftig bei dieser Bauart ist zudem die insgesamt hecklastige Gewichtsverteilung. Achten Sie auf einen Motor mit ordentlicher Übersetzung, sodass auch bei niedertouriger Fahrt bergauf genügend elektrische Unterstützung verfügbar ist. Manche Systeme geizen mit ihrer Energie: Nur, wer an steilen Bergen die Geschwindigkeit durch eigene Tretarbeit hochhält, bekommt vom Motor Zusatzschub.

Technische Daten

Gewicht*: ca. 21–24 kg
Laufräder: meist 29 Zoll
Reifen: 2,2–2,4 Zoll
Rahmenmaterial: meist Aluminium
Schaltung: Kettenschaltung, meist 3-fach
Federung: meist Luft, um 100 mm
Sonstiges: Motorleistung ca. 250 Watt

* Bei Rahmengröße M/L

Hardtail mit Mittelmotor
Für sportliche Touren

→ Das können Sie erwarten

Ein hochwertig ausgestattetes Hardtail mit Mittelmotor kostet leicht 4000 €. Dank der Leichtbau-Komponenten darf man ein Gewicht um die 20 Kilo erwarten. Ausgesprochen sportlich orientierte Konzepte können noch darunter liegen, wofür man jedoch noch tiefer in die Tasche greifen muss. Die etwas teurere Bauart bringt einige Vorteile gegenüber dem Heckmotor. Deutlich spürbar ist der zentraler gelegene Schwerpunkt, der für ein ausgewogeneres Fahrverhalten sorgt: Das Bike wirkt weniger störrisch und schiebt in Kurven nicht übers Hinterrad. Es verhält sich fast wie ein konventionelles Bike. Zudem verfügt der Motor über eine integrierte Übersetzung, die die Kraft fein dosiert in den Antriebsstrang einleitet. Allerdings verschleißen dabei Kette und Kettenblätter deutlich schneller als bei konventionellen Bikes. Schließlich liegt mehr Leistung an. Interessant kann ein solches Bike auch für Uphill-Fans sein, denn es erklimmt Steigungen, die aus eigener Kraft nicht zu meistern wären.

Technische Daten

Gewicht*: ca. 18–21 kg
Laufräder: meist 29 Zoll
Reifen: 2,2–2,4 Zoll
Rahmenmaterial: Aluminium oder Carbon; gelegentlich eine Mixtur aus beiden Materialien.
Schaltung: Kettenschaltung, 1–3-fach.
Federung: Luft, 100–120 mm
Sonstiges: Motorleistung ca. 250 Watt.

* Bei Rahmengröße M/L

Preisklasse
ca. 3000–6000 €

Vollgefedertes Pedelec
Tourer mit Vorliebe für die Abfahrt

→ Das können Sie erwarten

Das Kernelement dieser Kategorie ist ein hochwertiger Mittelmotor. Ein Heckmotor ist bei einem Fully technischer Nonsens und kennzeichnet Billig-Bikes. Hochwertige E-Fullies wiegen nicht wesentlich mehr als Hardtails, also kaum über 21 kg. Interessant ist ein Pedelec vor allem für Fahrer der Kategorie All-Mountain-Plus, also mit deutlichem Fokus auf dem Bergabfahren. Doch selbst Räder mit ausgewogener Geometrie und gut austariertem Schwerpunkt erfordern deutlich mehr Nachdruck bei Sprüngen und in Kurven. Wer es bergab allerdings weniger verspielt mag, wird die hohe Laufruhe genießen, die einige Modelle dank ihres deutlich längeren Radstandes vermitteln.

Bei vollgefederten Pedelecs ist es wenig sinnvoll, am Federweg zu sparen. Zwar werden auch Bikes mit straffen 120-mm-Gabeln angeboten, doch gerade angesichts des hohen Gesamt-gewichts ist es nun wirklich egal, ob dadurch 500 Gramm eingespart werden. Dann lieber mehr Komfort.

Technische Daten

Gewicht*: ca. 19–22 kg
Laufräder: 27,5 oder 29 Zoll
Reifen: 2,2–2,4 Zoll
Rahmenmaterial: Aluminium oder Carbon; gelegentlich eine Mixtur aus beiden Materialien.
Schaltung: Kettenschaltung, 1–3-fach.
Federung: Luft, 120–150 mm
Sonstiges: Motorleistung ca. 250 Watt.

* Bei Rahmengröße M/L

Zubehör

Das richtige Bike haben Sie nun gefunden, doch es fehlt noch etwas: Ein paar Dinge sind unersetzlich, um das neue Hobby zu genießen, andere machen das Mountainbiken einfach angenehmer. Fürs Erste benötigt man nicht unbedingt bunte Spezialbekleidung aus Plastik oder ein GPS-Gerät. Jedoch gibt es Zubehör, das für Biker nahezu unumgänglich ist. Vor allem über die Kontaktzonen mit dem Bike (Sattel, Pedale, Handschuhe) bzw. der Umgebung (Helm!) sollte man sich ein paar Gedanken machen. Im Anschluss daran werden weitere Teile vorgestellt, die für Biker nützlich oder gar unverzichtbar sind.

Kontaktzonen

Sattel

„Radfahren macht impotent!" Wo diese Schlagzeile auftaucht, wissen wir: Der Autor ist nicht auf dem neuesten Stand. Schließlich gibt es etwa 400 Sattelmodelle auf dem Markt. Erst vor Kurzem kam den Sattelherstellern die Einsicht: „Frauen sind die kleineren Männer." 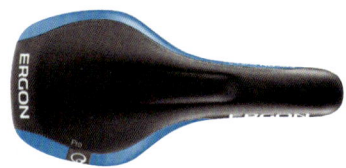 Ergo: Spezielle, breite Damensättel sind überflüssig. Bei beiden Geschlechtern kommt es gleichermaßen darauf an, dass die Weichteile geschützt sind. Deshalb soll unser Gewicht dorthin verlegt werden, wo unser Körper darauf ausgelegt ist: auf die Beckenknochen. Ausschlaggebend ist also die passende Sattelbreite. Einen Sattel, der vor Sitzbeschwerden schützt, erkennt man also vor allem daran, dass die eigentliche Sitzfläche leicht erhöht ist und eine Aussparung die Weichteile vor Quetschungen schützt. Auch wenn es noch so verlockend ist: Lassen Sie die Finger von superbreiten, soft gepolsterten Sitzkissen! Eine zu weiche Polsterung ist schnell durchgesessen, wie ein billiges Sofa. Dann sitzt man auf der harten Plastikschale. Außerdem verwässert eine weiche Polsterung die Druckverteilung. Zwar wird das Gewicht auf eine große Fläche verteilt, man sitzt aber eben auch auf den Weichteilen. Ideal ist es, wenn man im Bikeshop einige Modelle probesitzen kann oder sich der Händler überreden lässt, verschiedene Modelle zum Probefahren auszuleihen.

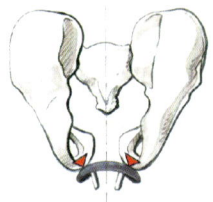 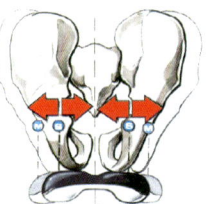

Das linke Modell bietet den Sitzhöckern zu wenig Auflagefläche. Das Resultat: Gewebe wird gestaucht, es entstehen Taubheitsgefühle oder gar wunde Stellen. Erst wenn das Körpergewicht senkrecht auf der Sitzfläche lastet (rechte Zeichnung), ist schmerzfreies Sitzen möglich.

Handschuhe

Beim Thema Handschuhe ist es schwierig, allgemeingültige Empfehlungen zu geben. Hier sind persönliche Vorlieben ebenso entscheidend wie orthopädische Gesichtspunkte. Wer Probleme hat mit tauben Händen, „Tennisarm" oder Sehnenscheidenentzündungen, wird sich ohnehin intensiver mit diesem Thema auseinander- 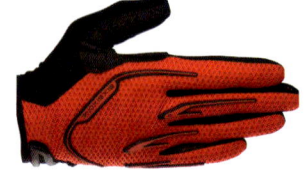 setzen müssen. Entscheidend ist dann auch die Wahl eines passenden Griffs, der das Handgelenk gegebenenfalls unterstützt. Für Mountainbiker gibt es nur eine allgemeingültige Regel: Die Handschuhe müssen lang sein, also die gesamte Hand bedecken. Zu häufig kommt man in Kontakt mit dornigem Gestrüpp und streift ungewollt Büsche und Bäume. Da liefern die Langfinger den passenden Schutz.

Helme

Die schwersten Fahrradstürze ereignen sich noch immer auf der Straße. Dennoch gehört der „Hut" im Gelände zum guten Ton. Nicht zuletzt, weil er ein Gefühl der Sicherheit vermittelt. Schon seit Langem werden Helme von Bikern nicht mehr als störend empfunden: Ihr Gewicht ist marginal, und dank der guten Belüftung kommt es auch nicht zum Hitzestau. Im Gegenteil: Im Sommer schützt ein Helm auch vor einem Sonnenstich, im Winter vor dem kalten Wind.

Bei der Auswahl des Helms können Sie sich von Ihren persönlichen optischen Vorlieben leiten lassen. Selbst Supermarkt-Modelle entsprechen in aller Regel der europäischen Sicherheitsnorm (CE EN 1078), haben also eine gewisse Schutzwirkung. Am wichtigsten bei der Auswahl ist eine optimale Passform. Bereits ohne angezurrte Gurte und Haltevorrichtungen sollte das Wunschmodell auf dem Kopf halten. Denn nur, wenn der Helm fest, aber nicht eng sitzt und nicht verrutschen kann, schützt er auch den vorderen Kopfbereich.

Die „klassische" Form des MTB-Helms bedeckt etwa die Hällfte des Kopfes und hat ein Visier, das gegen Sonne und Äste schützt. Liebevoll „Vogelnest" genannt, hat dieser Helm Fans vom Cross-Country-Fahrer bis zum Enduristen. Für letztere gibt es spezielle Varianten mit tiefer gezogenem Nackenbereich.

Jugendliche Dirtbiker bevorzugen diese Helmform. Hier ist ganz besonders auf eine der Kopfform entsprechende Helmschale zu achten, denn ein spezielles Fixierungssystem haben nur wenige Modelle.

Vollvisierhelme sind eine gute Investition für Mountainbiker, die bevorzugt bergab fahren. In Bikeparks sind sie häufig Pflicht. Und auch bei Enduro- und Downhillrennen werden Fahrer ohne Vollvisierhelm nicht zugelassen. Wer besonderen Wert auf hohen Schutz legt, sollte ein Modell wählen, das der Norm für Motorradhelme folgt.

Pedale: Mit oder ohne Klick?

Die wichtigste Verbindungsstelle von Mensch und Maschine ist das Pedal. Hier wird die meiste Kraft übertragen. Dem Bike-Neuling stellen sich zwei Alternativen: Feste Bindung per Klickpedal oder lockere Liaison auf der Bärentatze. Bärentatze? Ja, eigentlich ein ganz passendes Synonym für das breite Mountainbikepedal, das sich in die Schuhsohle krallt wie die Klaue eines Raubtiers. Besser ins Bild des gut ausgerüsteten Mountainbikers passt allerdings das Klickpedal, das dem Fuß – ähnlich der Bindung beim Ski – festen Halt gibt.

Vor- und Nachteile:

Beide Systeme haben verschiedene Klientel: Wer Rennen fährt oder auf längeren Bergaufpassagen kein Watt an Energie verschwenden will, wählt das Klickpedal. Wer seine Fahrtechnik verfeinern will und im Bikepark gern den Notausgang wählt, fährt Bärentatze.

Auch zahme Tourenfahrer finden Gefallen am Klickpedal, denn auch ihnen kommt es mehr auf effiziente Kraftübertragung als auf die Sicherheit bei gewagten Manövern an. Wer ein Plus an Sicherheit möchte, greift zu Plattformpedalen. Hier ist der Klickmechanismus von einem Metallkäfig umgeben. Die Pedalfläche ist größer. Egal, wohin man den Fuß setzt: Man findet intuitiv hinein in den Mechanismus. Nervöses Hakeln, wie bei schmalen Renn-Klickies, bleibt aus.

Bedenken Sie bei beiden Sorten von Pedalen: Sie sind Teamworker. Nur zusammen mit den entsprechenden Schuhen funktioniert das System. Bei Bärentatzen muss die Sohle griffig genug sein, um gut zu haften. Zu weiche Sohlen (z. B. von Joggingschuhen) verschleißen sehr schnell. Außerdem drückt das Pedal sonst schmerzhaft am Fuß.

Klickpedalschuhe sind Spezialisten: Ihre Sohle ist bretthart. Sie ist vorbereitet für den „Cleat", einen Metallzapfen, der die Verbindung mit dem Pedal herstellt. Die harte Sohle bewirkt ein definiertes Ein- und Ausklicken. Außerdem übertragen harte Sohlen die wertvolle Muskelkraft besser. Vor allem Rennfahrer wissen das zu schätzen.

Bärentatzen: Trittbretter

Wer sich für diese Art des Tretens entscheidet, muss lediglich darauf achten, dass das Profil bissig genug ist. Ein hochwertiges Pedal erkennt man an austauschbaren Metallstiften („Pins"), die sich in die Schuhsohle beissen. Gut sind auch austauschbare Industriekugellager, denn das Pedal ist ein Verschleissteil. Zum Üben beim Fahrtechnik-Training ist die Bärentatze sehr zu empfehlen. Einerseits kann man sich damit schneller vom Bike lösen: Einfach das Bike nach vorn schieben. Außerdem funktionieren Übungen, die mit der Bärentatze erlernt worden sind, mit Klickpedalen erst recht. Denn mit der Bärentatze müssen sich die Füße verkeilen, damit der Biker sicher steht. Klappt der Bunny-Hop mit Bärentatze, so wird er mit Klickpedalen ein Kinderspiel.

Vorteile:

→ Fahrtechnikschulung
→ Sicherheit für Anfänger und Extremisten
→ mit herkömlichen Schuhen fahrbar
→ unempfindlich gegen Schmutz

Nachteile:

→ schlechtere Kraftübertragung
→ meist schwer

Klickpedale: Eingerastet

Hier hat man die Wahl zwischen verschiedenen Systemen. Marktdominator ist mal wieder Shimano mit seinem bewährten, robusten SPD-System. Diese Pedale können zehn Jahre lang halten. Man muss allenfalls die Verbindungsstücke zu den Schuhen (sog. „Cleats") austauschen. Ähnlich gut funktionieren die Kopien von VP, WPD und Ritchey.

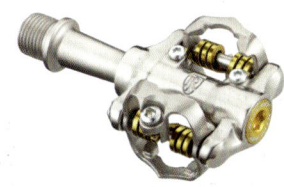

Vorteile:

→ gute Kraftübertragung
→ sichere Verbindung zum Bike

Nachteile:

→ gewöhnungsbedürftig
→ empfindlich gegen Schmutz

Helferlein

Nützliches Zubehör für Biker

Diese Utensilien gehören zum Alltag eines Bikers. Sie sind essenziell, wenn man seinen Sport entspannt genießen möchte, oder machen das Biken einfach noch ein bisschen entspannter und schöner.

Pumpe

Eine kräftige Mini-Pumpe in der Tasche vermittelt das gute Gefühl, für alles gewappnet zu sein. Volumenstarke, clever konstruierte Modelle ersetzen sogar eine große Standpumpe. Bei den durchschnittlichen Modellen muss man etwa 100-mal pumpen, um einen 2,3 Zoll breiten Reifen mit 2 Bar Druck zu versorgen. Deshalb sollte man beim Kauf vor allem auf eine angenehme Griffergonomie achten. Mit CO_2-Patronen betriebene Pumpen sind ökonomisch-ökologischer Wahnsinn, verkürzen aber die Reparaturzeit. Für Rennfahrer also eine Lösung. Kombi-Pumpen, mit denen man sowohl die Federung mit Hochdruckluft als auch die Reifen versorgen kann, sind selten zu empfehlen. Oft geht man bei einer der beiden Funktionen einen Kompromiss ein. Zudem liegt den meisten Bikes bereits eine Hochdruckpumpe für die Federung bei.

Mini-Tool

Taschenwerkzeuge können wahre Alleskönner sein. Apparate wie der abgebildete ermöglichen viele Eingriffe am Bike, können aber auch – wegen ihres Gewichts – als tödliches Wurfgeschoss dienen. Dagegen gibt es auch minimalistischere Tools, die ohne Säge, Reifenheber und Kettennieter auskommen. Der

Einfallsreichtum der Zubehörhersteller scheint unbegrenzt zu sein, unter den zahlreichen Modellen finden sich wahre Handschmeichler. Wichtig ist, dass Sie beim Kauf genau abgleichen, welche Schrauben an Ihrem Bike verbaut sind und welche Bandbreite das Tool bietet. Soll es möglichst klein (und günstig) sein, können Sie ein womöglich fehlendes Format als einzelnen Schlüssel mitführen.

Rucksack

Auch bei den Rucksäcken haben Sie die Qual der Wahl. Grundsätzlich zu unterscheiden sind Touren- und Tagesrucksäcke. Schon wer sich ein bisschen weiter von seiner eigenen Haustür entfernt, trägt gern Pumpe, Werkzeug, Wechselschlauch und eine Regenjacke mit sich – schon ist ein Tagesrucksack mit seinen 5–15 Litern voll. Vor allem wenn man bedenkt, dass die meisten dieser Gattung Stauraum für einen Trinkbeutel von 2–3 Litern bieten. Clever sind Kombi-Rucksäcke, deren Volumen sich per Zusatzfach auf bis zu 30 Liter vergrößern lässt. Das entspricht einem vollwertigen Tourenrucksack.

Weitere Kombinationsmöglichkeit: Einige Modelle (speziell für All-Mountain- und Freeride-Fahrer) haben eine versteifte Rückenplatte, die als Rückenprotektor dient. Entscheidend bei Biker-Rucksäcken ist neben der richtigen Größe ein praktisches Gurt- und Polstersystem. Das abgebildete Modell mit Brust- und Hüftverschluss sowie Abstandshaltern am Rücken bietet da eine gute Orientierung.

Schloss

Wer sein Bike in der Stadt bewegt, für den ist ein massives Schloss unverzichtbar. Um ernsthaften Diebstahlschutz zu gewährleisten, gilt leider das Motto: Viel hilft viel. Sprich: Um sein leichtes Bike wirksam zu sichern, braucht man mindestens 1 Kilo Schloss. Teure Bauteile wie Laufräder und Sattel kann man zusätzlich mit einem leichten und flexiblen Drahtseilschloss sichern.

Ein solches passt auch hervorragend in den Tourenrucksack und bietet auch dem Komplettbike einen ausreichenden Schutz, wenn man es für wenige Minuten oder auf Hütten unbeobachtet lässt. Wenn man dann noch ein Laufrad oder die Schnellspanner entfernt, ist das Bike für Gelegenheitsdiebe uninteressant.

Beleuchtung

Als Mountainbiker hat man es sehr schwer, den gesetzlichen Anforderungen gerecht zu werden. Streng nach STVZO sind an jedem Fahrrad Reflektoren an den Pedalen und Laufrädern anzubringen (alternativ: Reflektorstreifen an den Reifen). Glücklicherweise haben die meisten Polizisten Verständnis dafür, dass diese Utensilien an einem sportlichen MTB deplatziert sind. Zumal Funktionskleidung, Helme und Rucksäcke oft reflektieren. Zur Beleuchtung sind seit 2013 steckbare Akkuleuchten erlaubt, sofern sie eine „K-Nummer", also eine STVZO-Zulassung tragen. Solche Stecklichter können bereits einen beeindruckenden Lichtkegel werfen. Ein Radweg lässt sich damit problemlos ausleuchten. Geht man mit einer an dem Lenker befestigten Leuchte jedoch ins Gelände, wird es schnell brenzlig. Für nachtaktive Biker ist eine Helmlampe das Mittel der Wahl. Denn hier folgt der Lichtkegel der Blickrichtung und somit der intendierten Fahrtrichtung. Gute Systeme sind ab 200 € erhältlich. Die Hersteller überbieten sich dabei mit Lumenzahlen, die an Tageslicht grenzen. Solche extremen Scheinwerfer sind jedoch ein bedenklicher Eingriff in die Natur und für Nachtfahrten häufig überdimensioniert.

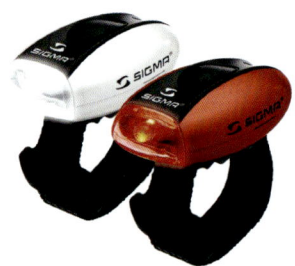

Werkzeugsatz

Wenn Sie handwerklich begabt sind, ist es vielleicht interessant, den Werkzeugschrank für Bike-Reparaturen zu optimieren. Verschiedene Zubehörhersteller bieten Grundausrüstungen mit fahrradspezifischem Werkzeug an. Wenn Sie aber bereits eine Grundausstattung an Werkzeug (Schraubendrehersatz, Inbusschlüsselsatz, Schraubenschlüsselsatz, Ratschenschlüssel, Kunststoffhammer, Kneifzange, Greifzange) in Ihrem Keller haben, können Sie diese gezielt um die folgenden Spezialwerkzeuge ergänzen:

→ Kettennieter (nur bei Shimano-Ketten nötig)
→ Abzieher für Kassette und Innenlager
→ Kettenpeitsche
→ eventuell: Drehmomentschlüssel

GPS-Navigation

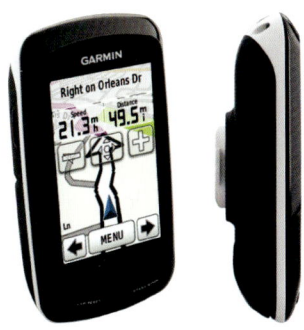

Roadbooks und Landkarten sind gute Hilfs-
mittel mit einem Nachteil: Sie zeigen einem
nicht, wo man selbst ist. Außerdem muss
man immer wieder anhalten, um sich in der
Karte oder einem Tourenführer zu orientieren.
Hier liegt der große Vorteil von GPS („Global
Positioning System"): Ein Blick aufs Display
am Lenker genügt, um die eigene Position
und die richtige Fahrtrichtung zu erkennen –
man muss dabei nicht einmal anhalten. Die
Sinne bleiben geöffnet für das Bike-Erlebnis und die Landschaft.
Dazu kommt der Spaß, schon zu Hause am PC mit einer GPS-Software Touren in
digitale Landkarten einzutragen und diese „Tracks" schließlich in das GPS-Gerät
einzugeben. Am nächsten Tag fährt man dann eine völlig neue und unbekannte
Tour, ohne auch nur einmal einen Zweifel am Routenverlauf zu haben.

Vorteile von GPS-Geräten
→ Alle Fahrradcomputer-Funktionen stecken auch im GPS-System. Man
braucht kein weiteres Gerät mehr.
→ Sie finden Ihre Strecke hundertprozentig. Abweichungen liegen normaler-
weise im Bereich von etwa fünf, im schlechtesten Fall von 30 Metern.
→ Großer Nutzen auch ohne Fahrrad: GPS-Geräte lassen sich zu Fuß, beim
Wandern, beim Joggen, beim Skifahren, auf dem Motorrad und im Auto
benutzen.

Die Nachteile von GPS-Geräten
→ Gegenüber Fahrradcomputern deutlich höherer Preis.
→ Hoher Batterieverbrauch. Batteriestandszeit je nach Gerätetyp und Anzahl
der Batterien zwischen zehn und 36 Stunden.
→ Kein Empfang in geschlossenen Räumen und Tunnels. Empfangsprobleme
in engen Schluchten und dichtem Wald (besonders bei schlechtem Wetter)
möglich.

Auf Internet-Seiten wie z. B. **www.bike-gps.de** können Sie Ihr GPS-Gerät mit
Touren in Deutschland, Österreich, der Schweiz und Italien füttern.

Pflege & Reparatur

Mountainbikes sind Hightech-Produkte und benötigen ein wenig Aufmerksamkeit, um stets bestens zu funktionieren. Angefangen bei den alltäglichen Handgriffen der Reinigung, erfahren Sie hier die wichtigsten Tipps zur Selbsthilfe, bis hin zum Austausch des Antriebs.

Wäsche

Ob Ihr Bike immer blitzbank sein soll, hängt von Ihren optischen Vorlieben ab. Für die meisten Bauteile spielt es keine Rolle, ob sie unter einer monate-alten Schmutzschicht liegen oder frisch gewienert sind. Prinzipiell ist eine eher seltene Vollreinigung sogar materialschonend, denn dann bleibt auch die werksmäßige Fettpackung an beweglichen Teilen besser erhalten. Schmutzempfindlich ist allerdings der Antrieb: Kette, Ritzel und Kettenblätter sollten sauber sein, damit der Wir-kungsgrad stets optimal ist und der Verschleiß gering bleibt. Es handelt sich schließlich um Feinmechanik in Leichtbauweise, die Schmutz völlig ungeschützt ausgeliefert ist. Hier sollten Sie also große Sorgfalt walten lassen. Besonders günstig ist es, das Bike von der Schlammschicht zu befreien, wenn diese noch feucht ist.

Oberflächen

sollten mit einem weichen Lappen getrocknet werden, auch um Schlieren zu vermeiden. Die Gleitflächen der Federelemente können mit einem Öl abgerieben werden, um auch Feinstaub zu entfernen.

Sanfte Reinigung

Zur Grundreinigung genügen ein Eimer mit warmem Wasser, Schwamm und Bürste sowie ein Reinigungsmittel. Auch ein gewöhnlicher Haushaltsreiniger kann hier dienlich sein. Ein Gar-tenschlauch erleichtert die Arbeit. Ein Hochdruck-reiniger ist nicht nötig. Wenn Sie ihn dennoch einsetzen, richten Sie die Düse bitte nicht auf die Kugellager, von denen ein Mountainbike sehr viele aufweist.

Antrieb

Die Grobreinigung besorgt ein fusselfreier Lappen am besten. Durch ihn kann man die Kette mehrfach durchlaufen lassen. Dieser kann auch den Schmutz zwischen den Ritzeln beseitigen. Auch spezielle Bürsten können eine Arbeitserleichterung darstellen. Eine besonders zähe Schmutzschicht bildet sich an den Schalträdchen. Sie lässt sich mit einem flachen Werkzeug (hier: ein Reifenheber) leicht entfernen. Achten Sie darauf, diese zähe Masse rasch zu entsorgen. Setzt sie sich im Profil der Schuhe fest, verursacht sie hartnäckige Flecken auf Fußböden.

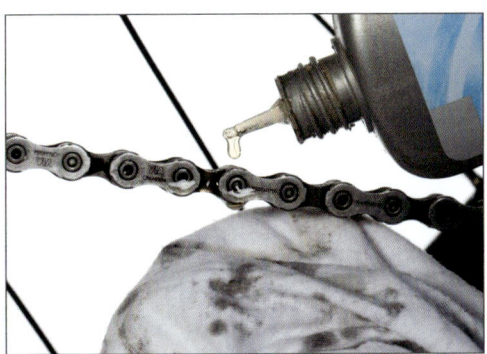

Pflege

Zur Kettenschmierung empfiehlt sich ein flüssiger Schmierstoff aus der Flasche. Sprays sind verschwenderisch und bergen die Gefahr, die empfindlichen Bremsbeläge zu verderben. Ölen Sie die Kette sorgfältig, Glied für Glied. So kann der Schmierstoff auch in die letzten Ritzen kriechen. Vorsicht! Vermeiden Sie Kriechöle wie WD 40 bei der Kettenschmierung. Sie unterwandern die Fabrikschmierung und waschen sie aus. Zum Schluss entfernen Sie überflüssigen Schmierstoff an der Kettenoberfläche. Er wirkt dort wie ein Schmutzmagnet. Das gilt auch für Kettenblätter und Ritzel.

Grundausstattung: Eimer, Bürste(n), Schwamm, Reinigungsmittel. Natürlich auch speziell für MTBs erhältlich.

Reifen demontieren

Auch wenn in Ihrem MTB die edelsten Materialien auf dem neuesten Stand der Technik verbaut sind, bleibt Ihnen ein Plattfuß leider nicht mit allerletzter Sicherheit erspart. Hier finden Sie ein paar Tipps, die Ihnen Frust beim wichtigsten Reparaturmanöver ersparen.

Vorbereiten

Lassen Sie die Luft vollständig aus dem Schlauch entweichen. Drücken Sie dann die Reifenwülste von beiden Seiten zur Mitte des Felgenbetts hin. So lässt sich der Reifen am leichtesten lösen, da er locker auf der Felge sitzt.

Abheben

Nun können Sie den Reifen an einer beliebigen Stelle über das Felgenhorn heben. Dabei ist es praktisch, das Laufrad zwischen den Beinen zu fixieren.

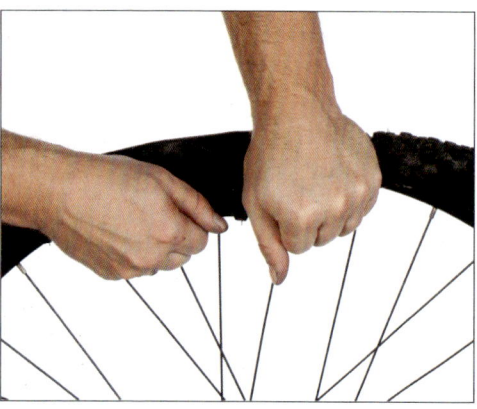

Abziehen

Mit einem kräftigen Ruck ziehen Sie nun den Reifen auf einer Seite über das Felgenhorn. Beim Flicken eines Platten können Sie den Reifen mit dem einen Wulst auf der Felge belassen.

Hilfsmittel

Zum Ab- und Aufziehen können Sie auch Reifenheber zur Hilfe nehmen. Diese dürfen nur aus Plastik sein, niemals aus Metall. Lassen Sie besonders beim Aufziehen Vorsicht walten, denn es geschieht bei Reifenhebern sehr schnell, dass man mit ihnen den Schlauch beschädigt.

Prüfen

Gehen Sie der Ursache des Luftverlustes nach, indem Sie mit den Fingerkuppen den Mantel von innen abtasten. Wenn nicht ein Durchschlag der Grund für den Platten war, stoßen Sie dabei meist auf einen Dorn oder eine Glasscherbe. Solche Dinge lassen sich mithilfe einer Zange entfernen.

Aufziehen

Pumpen Sie den Schlauch mit 2 oder 3 Pumpenhüben leicht auf, sodass er seine Form erhält. Dann legen Sie ihn in den Reifen ein, der mit einem Wulst auf dem Felgenhorn sitzt. Falls Sie den Reifen vollständig abgenommen haben: Prüfen Sie anhand der Markierung auf der Reifenwand, ob die Laufrichtung stimmt. Achten Sie darauf, dass der Reifenwulst sich nun in der Mitte des Felgenbettes befindet, sodass der Reifen locker sitzt. Die Ventilmutter bleibt noch weg.

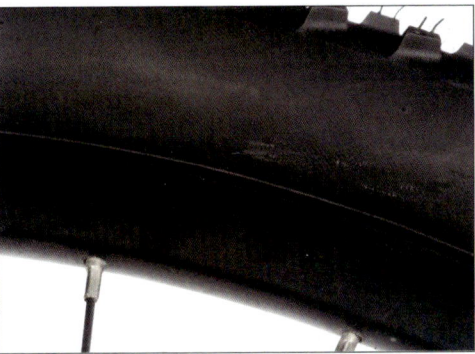

In Form bringen

Heben Sie nun den anderen Wulst über das Felgenhorn. Beginnen Sie damit am Ventil und bewegen sich Stück für Stück rundherum. Achten Sie darauf, den Wulst dabei in Richtung der Felgenmitte zu „kneten". Am Schluss kann – bei ungünstigen Felgen-/Reifenkombinationen – ein Reifenheber aus Plastik hilfreich sein.

Übrigens: Schläuche werden durch Flicken nicht schlechter. Das spart Geld und schont die Umwelt.

Aufpumpen / zentrieren

Bevor Sie die Pumpe ansetzen: Achten Sie darauf, dass der Reifen mittig über dem Felgenbett sitzt. Füllen Sie dann den Schlauch bis zu einem knappen Bar mit Luft. Wiederholen Sie den Zentriervorgang noch einmal, bevor Sie den richtigen Luftdruck einstellen. Prüfen Sie anhand des gleichmäßig hervorstehenden Sicherheitswulstes, ob der Reifen optimal rund läuft. Tipp: Verfügen Sie über einen Kompressor, füllen Sie den Reifen gleich mit einem Druck von etwa 4 Bar. Eventuell hören Sie ein Knacken, wenn der Reifen den optimalen Sitz gefunden hat. Anschließend stellen Sie den gewünschten Druck ein.

Kette reparieren

Mit jedem Pedaltritt malträtieren wir die Kette. Zudem ist der Gliederstrang völlig ungeschützt Schmutz und Nässe ausgesetzt. Kein Wunder also, wenn die Kette manchmal schon nach 2000 Kilometern schlapp macht.

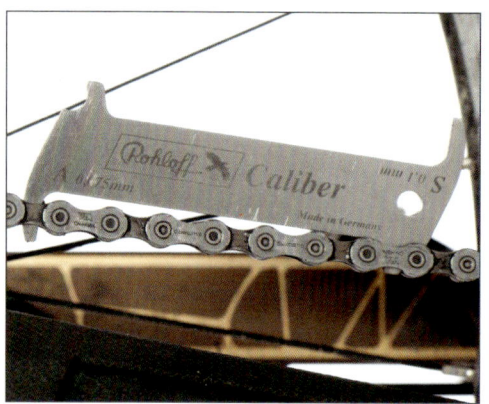

Prüfen

Aufgrund der starken Lastwechsel dehnt sich die Kette mit der Zeit. Mithilfe einer Verschleißlehre (Bild links) lässt sich prüfen, ob die Längung noch unproblematisch ist, oder die Kette gewechselt werden muss. Eine einfache und ebenso aussagekräftige Methode zur Verschleißbestimmung ist der „Abhebetest". Dazu schalten Sie die Kette auf das große Kettenblatt. Auf etwa 3-Uhr-Stellung ziehen Sie nun leicht am Gliederstrang. Ist der Spalt (Bild rechts) größer als 2 Millimeter, ist die Kette fällig. Der Verschleiß an Ritzeln und Kettenblättern ist dann zu hoch.

Abnehmen

Schalten Sie auf das kleinste Ritzel und das kleinste Kettenblatt. So ist die Kette spannungsfrei. Setzen Sie den Nieter an einem beliebigen Stift an und drücken diesen heraus.

Ablängen

Falls Sie eine neue Kette montieren möchten, können Sie die Länge der alten übernehmen. Ansonsten gilt als Faustregel: Schalten Sie vorn und hinten aufs kleinste Zahnrad und fädeln die neue Kette ein. Die Länge stimmt dann, wenn die Kette nicht mehr ganz schlapp zu Boden hängt.

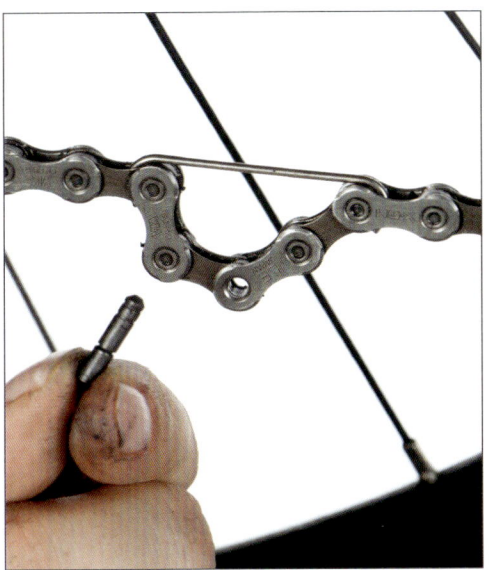

Hilfreich

Um die Kette bei der Montage (oder Reparatur) spannungsfrei zu bekommen, gibt es Kettenklammern, die bereits in vielen Mini-Tools enthalten sind. Ein solches Helferlein lässt sich notfalls auch selbst zurechtbiegen.

Um die beiden Kettenenden zusammenzunieten, gibt es bei Shimano-Ketten eine spezielle Verschlussniete. Andere Hersteller arbeiten mit Kettenschlössern. Mit ihnen lassen sich Ketten ohne Werkzeug zusammenfügen.

Vernieten

Bei Shimano ist das Vernieten der Kette erforderlich. Dazu führen Sie den Nietstift ein und drücken ihn mit dem Kettennieter hinein, bis ein deutliches Einrasten zu spüren ist. Als Provisorium im Gelände können Sie bei Shimano-Ketten auch einen Stift aus einem herausgenommenen Kettenglied verwenden.

Überstand entfernen

Nun steht noch ein Teil der Verschlussniete über. Diese lässt sich mit einer Zange an der Sollbruchstelle entfernen.

Gefügig machen

Eventuell läuft die Kette noch nicht geschmeidig. Durch leichtes Biegen lässt sich der Gliederstrang gefügig machen.

Laufräder

Die Laufräder der meisten Bikes sind auch heute noch mit konventionellen Speichen und Nippeln ausgestattet, sodass eine Reparatur relativ problemlos ist. Auch wenn Sie etwas Feingefühl erfordert.

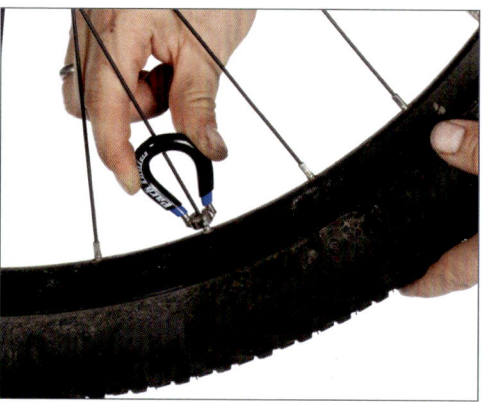

Prüfen

Die Speichen sollten alle etwa die gleiche Spannung besitzen, sodass das Laufrad sämtliche Kräfte gut verteilen kann. Prüfen Sie die Speichenspannung einmal monatlich, indem Sie benachbarte Speichen leicht zusammendrücken. Der Widerstand sollte bei allen Paaren sehr ähnlich sein.

Nachziehen

Haben Sie einen Ausreißer (eine lasche Speiche) gefunden, können Sie die Spannung selbst wieder herstellen. Das erforderliche Werkzeug heißt Speichenspanner (auch: Nippelspanner). Bei Systemlaufrädern kann es erforderlich sein, diesen beim Hersteller zu bestellen, falls keine konventionellen Speichennippel verbaut wurden.

Rundlauf

Um den Rundlauf der Räder zu prüfen, ist kein teurer Zentrierständer nötig. Bereits ein Kabelbinder kann beim Zentrieren der Räder hilfreich sein, wenn sie einen kleinen Schlag abbekommen haben. Streift die Felge den Kabelbinder, können Sie die Unwucht beseitigen, indem Sie die gegenüberliegenden Speichen leicht anziehen.

Schaltung

Das einwandfreie Funktionieren der Schaltung ist eine Frage der Spannung. Die Schaltungsteile werden von Drahtseilen („Bowdenzügen") angesteuert. Diese müssen die richtige Spannung haben, wenn die Schaltung präzise sein soll. Wenn die Kette hinten rasselt oder der Umwerfer nicht schnell genug auf den Daumendruck reagiert, können Sie die Zugspannung erhöhen, indem Sie das Stellrad am Schalthebel in Uhrzeigerrichtung drehen.

Somit lässt sich eine nachlassende Bowdenzugspannung ausgleichen, wie sie sich (nach langer Zeit) durch Längung einstellt oder durch das Setzen der Zughüllen. Falls Sie ein neues Schaltwerk montieren, müssen Sie seinen Schwenkbereich einstellen. Dabei ist ein Sicherheitsabstand zu den Speichen einzuhalten. Diese Einstellung geschieht mittels der am Schaltwerk sitzenden Kreuzschlitzschrauben (bei SRAM-Schaltwerken sind dies Inbusschrauben). Die Schraube mit der Bezeichnung „H" (für „high") bestimmt, wie weit das Schaltwerk nach außen schwenkt, die andere

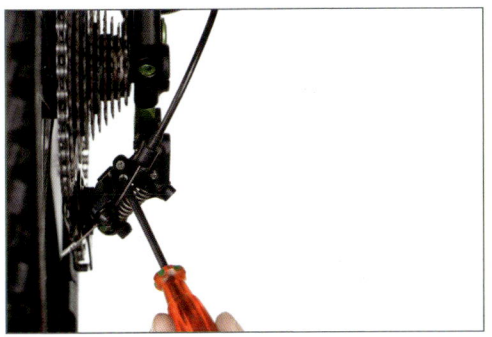

(„L" für „low") legt fest, wie nah das Schaltwerk dem Hinterrad kommen kann. Gleiches Prinzip beim Umwerfer: Die dem Rahmen nächstliegende Schraube definiert den Schwenkbereich nach innen, die andere nach außen. Die unscheinbare Kreuzschlitzschraube ganz nah am Schaltauge ist für die Kettenumschlingung zuständig: Justieren Sie das Schaltwerk so, dass die Schalt-

rolle möglichst nah am Ritzel steht, dieses aber nicht berührt. Schalten Sie zu dieser Schaltwerksjustage auf das mittlere Kettenblatt.

Züge und Außenhüllen wechseln

Die Schaltung kann nur dann präzise funktionieren, wenn die Züge leichtgängig sind. Schließlich handelt es sich bei den Schaltkomponenten um Feinmechanik, die auf den Zehntelmillimeter getrimmt ist. Die Bowdenzüge sind zwar lange haltbar, aber um die Außenhüllen ist es schlechter bestellt. Dabei handelt es sich um schwarze Plastikröhrchen, die zur höheren Stabilität ein Stahlskelett enthalten. Sie sind mit einer Teflonschicht ausgekleidet, die den Reibungswiderstand der Bowdenzüge reduziert. Diese Schicht ist verschleißanfällig, da sie Schmutz und Nässe nahezu ungeschützt ausgeliefert ist. Bei jedem Schaltvorgang saugt der Bowdenzug Unbill ins Innenleben der Außenhüllen. Sobald Sie merken, dass sich die Schalthebel nicht mehr so leichtgängig wie gewohnt bedienen lassen, sollten Sie einen Wechsel der Außenhüllen in Erwägung ziehen. Dies kann – je nach Einsatzbereich und Wetterlage – jedes halbe Jahr oder gar öfter nötig sein. Der Eingriff ist nicht kompliziert, sollte aber penibel durchgeführt werden, damit die Schaltung gewohnt exakt funktioniert.

Tipps:
→ Außenhüllen haben die richtige Länge, wenn sie in harmonischen Bögen verlaufen.
→ Wenn Ihr Rahmen dies zulässt: Bauen Sie durchgehende Außenhüllen ein. Diese verlaufen ohne Unterbrechung vom Schalthebel zum Schaltwerk. So kann sich kaum Schmutz einschleichen.

Alte Hüllen entfernen
Zunächst lösen Sie den Schaltzug am Schaltwerk und entfernen die Endkappe. Eine Madenschraube am Schalthebel gibt den Anfang des Schaltseils frei, das Sie nun komplett herausziehen können.

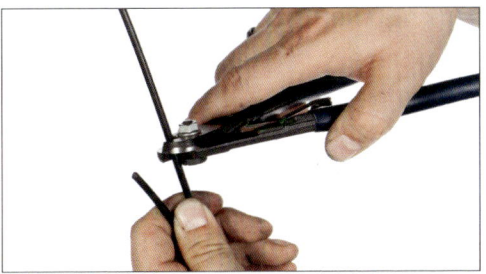 

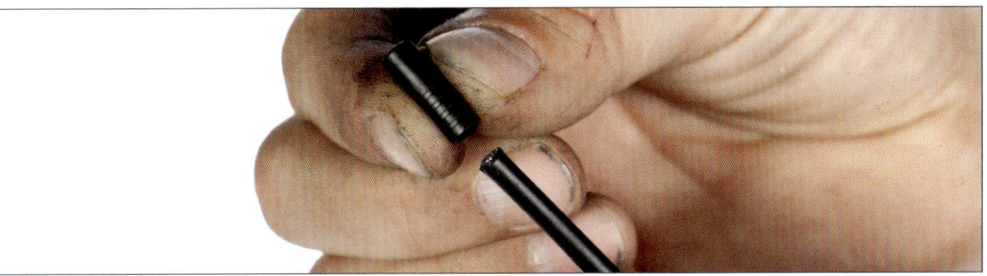

Außenhüllen ablängen

Entfernen Sie die alten Züge vom Bike. Diese dienen – falls die Länge stimmt – als Vorlage für die neuen. Wichtig ist, dass Sie eine scharfe Zange verwenden, denn das stählerne Innenleben der Außenhüllen ist extrem hart. Für diesen Zweck werden auch Spezialzangen angeboten. Soll die Schaltung präzise bleiben, sollte der Schnitt im 90-Grad-Winkel ausgeführt sein. Mit einem Dorn können Sie die Öffnung gangbar machen, um Reibung zu reduzieren. Dann stecken Sie die Zugendkappen (aus Stahl oder Plastik) auf und klopfen sie gut fest.

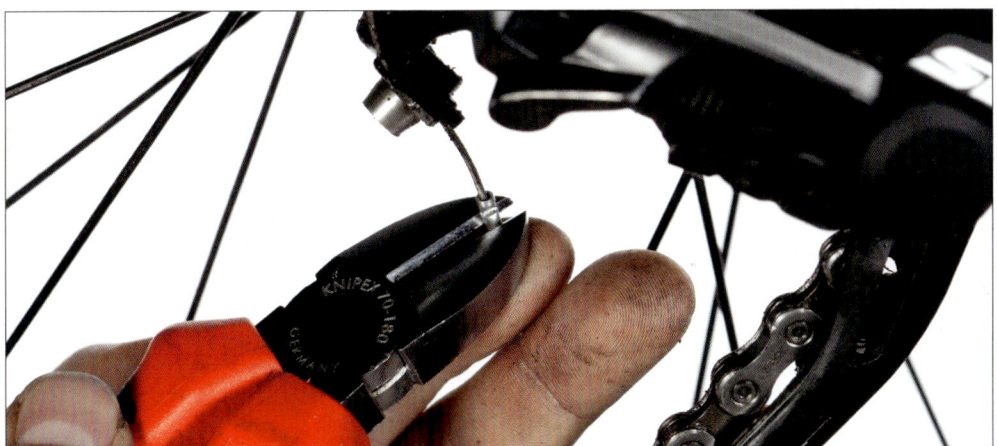

Bowdenzug fixieren

Sind die Außenhüllen am Rahmen fixiert, fädeln Sie den neuen Bowdenzug am Schalthebel ein und ziehen ihn bis zum Schaltwerk hindurch. Mit einer Greifzange bringen Sie ihn auf maximale Spannung, um ihn in dieser Position handfest zu klemmen.

Bowdenzug kappen

Auch hier ist eine scharfe Kneifzange sinnvoll, wenn man hässliche „Blumenstrauß-Enden" am Drahtzug verhindern will. Um Verletzungen zu vermeiden und den Zug vor Aufdröseln zu schützen, verwenden Sie am besten eine Endkappe aus Aluminium.

Steuerkopf

Der Steuersatz (auch: Lenkkopflager) von MTBs ist einfach und montagefreundlich aufgebaut. Dennoch gibt es ein paar Dinge zu beachten, damit sich der Lenker stets geschmeidig drehen lässt.

Spiel prüfen

Prüfen Sie regelmäßig, ob der Steuersatz fest genug sitzt. Ziehen Sie dazu die Vorderradbremse und bewegen das Bike vor und zurück. Dabei sollte kein Spiel zwischen Gabelkrone und Steuerrohr spürbar sein. Der Lauf dieses Lagers sollte so eingestellt sein, dass das Vorderrad, wenn man das Bike am Oberrohr leicht anhebt, von selbst nach links oder rechts schwenkt.

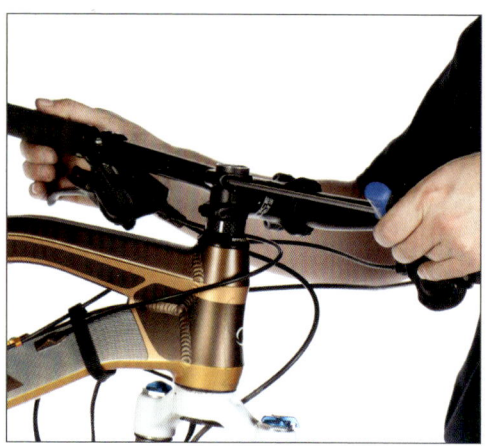

Justieren

Um das Lenkkopflager neu einzustellen, öffnen Sie zunächst die (meist 2) Schrauben, mit denen der Vorbau den Gabelschaft festklemmt. Dann können Sie mithilfe der Zentralschraube im Vorbaudeckel das Lagerspiel einstellen. Seien Sie vorsichtig. Hier macht bereits eine halbe Umdrehung einen großen Unterschied aus. Anschließend fixieren Sie den Vorbau wieder auf dem Schaft. Beachten Sie dabei unbedingt das vom Hersteller vorgegebene Drehmoment.

Bremsen

Bevor die Bremsen Ihres neuen Bikes ihre volle Wirkung entfalten, müssen sie eingebremst werden. Etwa 30 Vollbremsungen aus ca. 20 km/h sind nötig, bis Beläge und Scheiben sich ordentlich eingeschliffen haben. Auch danach verdienen die Bremsen Ihre Aufmerksamkeit, denn sie sorgen ja besonders für Ihre Sicherheit. Der Belagwechsel funktioniert bei den meisten Herstellern sehr ähnlich. Allerdings lohnt es sich, im Zweifel die den Austauschbelägen immer beiliegende Anleitung zu studieren.

  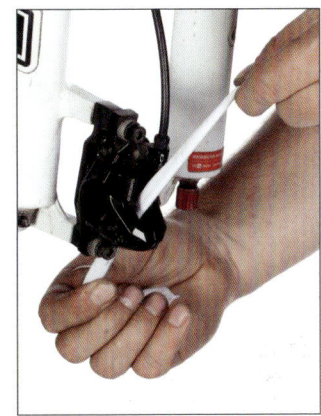

Ausbau

Entfernen Sie zunächst das Laufrad. Dann entfernen Sie mit einer Zange den Sicherungsstift (meist ein Einweg-Bauteil). Nun lassen sich die Beläge, indem man sie aufeinanderdrückt, leicht herausnehmen. Den leeren Bremssattel können Sie nun reinigen, um dauerhafte Leichtgängigkeit der Kolben zu gewährleisten.

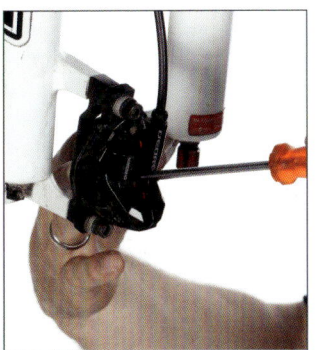  

Einbau

Um für die neuen Bremsbeläge Platz zu schaffen, muss man die Kolben in den Bremssattel zurückschieben. Diesen Arbeitsschritt kann man auch vollziehen, wenn die alten Beläge noch montiert sind. Platzieren Sie nun die Rückstellfeder sauber zwischen den beiden neuen Belägen, die Sie – fest aufeinandergedrückt – zwischen die Kolben schieben. Wenn die Beläge an ihrem Bestimmungsort eingerastet sind, fixieren Sie diese mithilfe des Sicherungsstifts.

Verschiedene Beläge

Es gibt drei Arten von Bremsbelägen: organische, semi-metallische und gesinterte. Letztere werden aus einem Metall-Keramik-Mix gepresst, bei ersteren verbindet ein Kunstharz die Reibepartikel. Semi-metallische Beläge ähneln organischen, haben aber einen höheren Anteil an Metallpartikeln. Sinterbeläge gelten als verschleißarm, entwickeln jedoch mehr Hitze und neigen eher zum Quietschen. Organische Beläge können sehr schnell verschleißen, sind aber auch meist bissiger.

Ritzel & Kettenblätter

Nach einigen tausend Kilometern sind die Kettenblätter, meist aber zuerst die Ritzel, verschlissen. Den Austausch können Sie auch selbst vornehmen – an den Kurbeln sogar ohne Spezialwerkzeug.

Kassette wechseln

Zum Entfernen des Ritzelpakets braucht man eine Kettenpeitsche. Damit halten Sie die Ritzel fest, während Sie mit einer Spezialnuss die Verschraubung lösen. Die Ritzel lassen sich dann einfach abnehmen. Beachten Sie dabei die Reihenfolge der Spacer zwischen den Abschlussritzeln. Es ist hilfreich, den Freilaufkörper zu fetten, nachdem man ihn von Schmutz befreit hat. Damit wird eine mögliche Geräuschquelle (Knarzen!) eliminiert. Nun setzen Sie die Kassette wieder auf und ziehen Sie mithilfe der Spezialnuss mit etwa 40 N/m fest.

Kurbel abnehmen

Die gängigen Kurbeln hochwertiger Bikes haben einen integrierten Abziehmechanismus. Spezialwerkzeug für die Demontage ist also unnötig. Bei Shimano-Kurbeln muss man zunächst die Sicherungsschraube abnehmen. Dann lösen Sie am linken Kurbelarm die Klemmschrauben (5 mm Inbus). Mit einem Schraubendreher drücken Sie schließlich das Sicherungsplättchen hoch, sodass Sie den linken Kurbelarm abnehmen können. Bei anderen Systemen (z. B. SRAM) entfallen die ersten drei Schritte. Dort können Sie den linken Kurbelarm mithilfe einer Inbusschraube (meist 8 mm) abziehen. Ein Hammer hilft, die rechte Kurbel mitsamt Kettenblättern abzunehmen. Bei der Demontage der Kettenblätter kann bei einigen Modellen ein Gegenhalter erforderlich sein. Bei der Montage ist die korrekte Ausrichtung der Kettenblätter zu beachten. Etwaige Positionsmarkierungen auf den Kettenblättern orientieren sich am Kurbelarm.

Fahrtechnik

Technik nicht nur am Bike, sondern auch noch beim Fahren?
Ja! Denn wenn Sie nur ein paar Punkte beachten, haben Sie gleich
mehr Spaß beim Biken – ohne schmerzhafte Experimente.

Gut Mountainbiken bedeutet mehr als mit dicken Gängen den Gipfel zu stürmen und nahezu ungebremst hinunterzudonnern. Biken ist mehr als viele andere Sportarten Kopfsache. Gerade die mentale Seite ist für viele der größte Reiz an unserem Sport. Entsprechend zahlt es sich aus, wenn man sich nur ein paar wenige Gedanken zu den grundlegenden Bewegungen auf dem Bike macht.

Ein Biker muss Schaltung und Bremsen im Griff haben und gleichzeitig die nächste Kurve richtig ansteuern. Selbst bei einer so einfachen Fahrsituation kommt einiges zusammen.

Und gerade deshalb lässt sich mit einer effizienten Fahrtechnik viel Energie sparen. Auch Cross-Country-Rennfahrer und Marathonspezialisten haben das erkannt. Kein Wunder, dass viele von ihnen ihr Gerät so gut beherrschen wie Downhillprofis. Das Tolle, wenn man sich mit Fahrtechnik beschäftigt:
Es wird nie langweilig! Stets gibt es eine Bewegung zu verfeinern, einen neuen Trick zu erlernen. Und das geht immer! Auch in der Tiefgarage, wenn es draußen regnet. Wenn Sie allein auf Tour sind, streuen Sie einfach mal eine der folgenden Übungen ein.

Vergessen Sie nicht: Mountainbiken ist eine Risikosportart. Wer leichtsinnig im Gelände unterwegs ist, riskiert hässliche Verletzungen. Schnell flimmern mehr als 30 km/h auf dem Tacho – Geschwindigkeiten, für die unser Körper schon nicht mehr ausgelegt ist. Und eine Knautschzone, wie es sie beim Auto gibt, bietet allenfalls unser Vorderrad.

Der Experte:

Stefan Herrmann, Jahrgang 1964, ist seit über 30 Jahren Sportvermittler. Im Mountainbiken sammelte er zahlreiche Meistertitel im Downhill, darunter auch WM-Medaillen. Mit seiner Schule MTB-ACADEMY vermittelt er seit über 20 Jahren Fahrfreude im Gelände.
www.mtb-academy.de

Tipps

Lenkzentrale: Ein breiter Lenker wirkt wie ein langer Hebel. Dadurch sparen Sie beim Steuern und Lenken Kraft. Zudem können Sie sich über einem breiten Lenker besser abstützen (vgl. Hantelstange). So können Sie den Körperschwerpunkt sehr tief absenken. Abgesehen von der richtigen Lenkerbreite und Vorbaulänge gibt es noch ein wenig Feintuning an der Lenkstange: Wenn Sie die Bremshebel ein Stückchen zur Lenkermitte schieben, greifen Sie die Hebel von weiter außen und erhöhen damit Ihre Handkraft. Außerdem können Sie die Hebelweite justieren, falls Sie besonders kleine oder große Finger haben.

LENKER

Am unbeschwertesten lernen Sie die Fahrtechnik, wenn Sie Pedale ohne Klickmechanismus benutzen. So ist auch Pfuschen (wie z. B. beim Bunny-Hop) so gut wie unmöglich. Schienbein- und Knieprotektoren vermeiden Verletzungen beim Abrutschen von den Pedalen – zumindest für die fortgeschrittenen Fahrmanöver.
Senken Sie den Sattel um einige Zentimeter ab. So haben Sie mehr Bewegungsfreiheit und Sicherheit auf dem Bike. Das gleiche gilt auf Tour: Mit herabgelassenem Sattel macht die Abfahrt doppelt so viel Spaß.

PEDALE

Wo rohe Kräfte sinnlos walten … Mountainbiken ist kein Kraftsport, sondern erfordert viel Feingefühl. Das gilt besonders für die Bremsen, die bissiger sind als bei jeder anderen Fahrradgattung. Deshalb empfehlen wir, den Punkt, an dem die Bremse blockiert, zunächst auf festem Untergrund in einer Geh-Übung zu erspüren. Somit vermeiden Sie ruppiges Stakkato-Bremsen, das abrupte Lastwechsel und damit Kontrollverlust zur Folge hat.

BREMSEN

Grundposition

Auf dem ebenen Schotterweg und beim Uphill sitzt man selbstverständlich im Sattel. Sobald es uneben wird, ist ein aktiver Fahrstil wichtig. Das bedeutet: raus aus dem Sattel!

Unser Ziel ist es dabei, eine ideale Gewichtsverteilung zu erreichen, so-dass Vorder- und Hinterrad gleichmäßig belastet sind. Nur so ist es möglich, dem Vorderrad jederzeit Steuerimpulse zu geben. Denn wenn der „Druck" auf dem Vorderrad fehlen würde, könnten die Stollenreifen sich nicht ausreichend mit dem Gelände verzahnen. Das Vor-derrad würde einfach wegschmieren – typischer Anfängerfehler! Die Hüfte ist ein guter Indikator für die richtige Position über dem Bike: Steht sie über dem Tretlager, stimmt die Balance. Zusätzliche Fahrstabilität verleihen uns leicht gebeugte Arme und nahezu gestreckte Beine. Wenn die Schulter

über dem Lenker steht, sind die Arme die Verlängerung unserer Federgabel. So schlucken wir locker alle Uneben-heiten weg. Die Grundposition ändert sich leicht mit dem Gefälle: Je steiler das Gelände, desto weiter wandert die Hüfte hinter das Tretlager. Bei der Gewichtsverlagerung ist Feingefühl gefragt: Geht man zu weit nach hinten, verschenkt man Bike-Kontrolle, bleibt man zu weit vorn, könnte ein unvorher-gesehenes Hindernis gefährlich wer-den. Die Sequenz zeigt, wie gering die Gewichtsverlagerung bei einer Treppe (45 Grad) ist. Sobald das Bike wieder in der Ebene ist, begibt sich auch der Fahrer zurück in die Grundposition.

Weich bleiben!

Vergleichen Sie die Bilder rechts und links. Rechts sehen wir einen unentspann-
ten Fahrer. Die Arme sind fast durchgedrückt und können nicht auf Unebenheiten
reagieren. Stattdessen federt die Federgabel auch bei mäßigen Hindernissen voll
ein. Links dagegen ein geschmeidiger Fahrer, dessen Arme Schläge absorbieren.
So schafft man Reserven und schont sich und sein Material.

WEICH

HART

Kurven fahren

Die meisten Biker verschenken Speed und Sicherheit durch schlechte Kurventechnik: Sie driften, strecken ihre Beine raus und stehen am Kurvenausgang schließlich still. Wer mit Köpfchen in die Kurve steuert, kann ordentlich Speed mitnehmen.

1. Grundposition

Ausgangspunkt ist die Grundposition mit leicht gebeugten Ellenbogen. So ist ein tiefer Schwerpunkt gewährleistet. Außerdem lastet genügend Gewicht auf dem Vorderrad, damit sich der Reifen mit dem Untergrund verzahnen kann.

2. In die Kurve legen

Versuchen Sie, das Bike unter sich in die Kurve zu legen. Die Schultern bleiben ruhig, nur die Arme drücken das Bike nach links bzw. rechts.
Steuern Sie nach links, strecken Sie den linken Arm und winkeln den rechten umso mehr an.

Tipps

→ Wenn Sie Einsteiger sind: Achten Sie auf eine waagerechte Kurbelstellung. So ist Ihr Gewicht optimal austariert. Fortgeschrittene bringen mehr Druck aufs Bike, wenn sie das kurvenäußere Pedal zum Boden drücken (s. Fotos).

→ Neben Pedalen und Lenker können Sie Ihr Bike über den Sattel kontrollieren. Hier erhalten Sie Rückmeldungen über die Schräglage und die Bodenhaftung.

→ **Überblick:** Wenn es auf die Kurve zugeht, versuchen Sie bereits am Kurveneingang, das Kurvenende anzupeilen. Ihre Bewegung wird unwillkürlich Ihrem Blick folgen – so kommen Sie flüssig um die Ecke.

3. Linienwahl

Die Linienwahl ist bei jeder Kurve die gleiche. Egal ob weite Schotter- oder alpine Haarnadelkurve: Wir versuchen, den Kurvenradius zu vergrößern, damit die Fliehkräfte gering bleiben und die Geschwindigkeit nicht verringert werden muss. Also: Weit außen anfahren, durch den Scheitelpunkt steuern und langsam nach außen tragen lassen.

4. Kurvenausfahrt

Kurvenausgang: Sofern die Verhältnisse es zulassen, können Sie sich bis ans äußere Ende der Kurve tragen lassen. Ein wenig Reserve dürfen Sie dabei natürlich einkalkulieren.

Spitzkehren

Für viele ist es die Krönung des Bikesports, wenn sich im steilen Gelände eine Spitzkehre an die nächste reiht. Mit der richtigen Technik werden Serpentinen zur wahren Orgie. Es ist alles eine Frage des Blicks. Bei geringer Geschwindigkeit wird das Bike nicht mehr angewinkelt. Die Steuerung erfolgt nur über die Drehung am Lenker. Umso wichtiger sind die richtige Blickführung und eine schlaue Linienwahl.

1. Grundposition

Um sich viel Raum zu schaffen und den größtmöglichen Kurvenradius zu erlangen, fahren Sie die Kurve möglichst weit außen an. Sie stehen dabei in der entspannten Grundposition. Entscheidend ist nun die Blickführung: Am Kurveneingang blicken Sie zum Kurvenende. Somit erhält das Vorderrad automatisch den optimalen Lenkeinschlag.

2. In die Kurve legen

Auch mitten in der Kurve stehen Sie in entspannter Grundposition. Wenn Sie möchten, können Sie das kurvenäußere Pedal absenken. Das gibt Ihnen evtl. Sicherheit für einen Notausstieg nach innen. Blicken Sie nun wieder in die Richtung des weiteren Wegverlaufs.

3. Linienwahl

Jetzt stehen Sie wieder in Grundposition über dem Bike und können die nächste Kurve ins Visier nehmen: außen – innen – außen. Auf der Zwischengeraden haben Sie Gelegenheit zu überprüfen, ob Ihre Schulter über dem Lenker steht und ob die Beine gestreckt sind.

Hinterrad versetzen

Für Könner: Mit dieser Technik können Sie den Wendekreis noch ein wenig verringern und noch schärfer in den Kurvenscheitelpunkt steuern. Im Scheitelpunkt ziehen Sie die Bremse und lassen das Hinterrad vermittels einer Hüftbewegung ausschwenken. Unerlässlich sind ein griffiger Untergrund und hohe Bike-Beherrschung.

Vorderrad anheben

Mountainbiker müssen flexibel auf das Gelände reagieren können. Dazu gehört es auch, das Vorderrad über Hindernisse zu heben, damit die Fahrt ungestört fortgesetzt werden kann.

1. **2.** **3.**

Es bietet sich an, den Bewegungsablauf auf Asphalt zu verfeinern, damit er im Gelände automatisch abgerufen werden kann. Die Bewegung besteht aus einer leichten Gewichtsverlagerung nach hinten, die von einem gleichzeitigen Trittimpuls unterstützt wird. Auftaktbewegung ist eine starke Armbeugung: Führen Sie die Brust in Richtung des Lenkers, um eine „Vorspannung" zu erzeugen (1). Wichtig ist, dass die Hinterradbremse leicht mitschleift.

Jetzt kippen Sie impulsiv den Oberkörper nach hinten, indem Sie die Arme strecken. Dabei treten Sie kräftig in die Pedale (2). Um zu vermeiden, dass Sie nach hinten absteigen, können Sie jederzeit die Bremse ziehen.
Wie lange Sie nun auf dem Hinterrad rollen, hängt von Ihrem Balancegefühl und dem Bremseneinsatz ab.
Versuchen Sie, das Vorderrad möglichst sanft (also: kontrolliert) wieder abzusetzen (3).

Im Gelände können Sie diese Bewegung nun abrufen. Das Hindernis gibt dabei das Timing vor. Sie beginnen mit dem Beugen eine Radlänge vor dem Hindernis. Dann setzen Sie das Vorderrad – je nach Höhe des Hindernisses – darauf oder dahinter. Bei großen Hindernissen empfiehlt es sich, aus dem Sattel zu gehen, um das Hinterrad zu entlasten. Auch beim Bewältigen von Kanten ist die Technik des Vorder-

rad-Anhebens hilfreich (siehe unten). Allerdings spielt der Einsatz der Hinterradbremse hier keine Rolle, da die Bewegung aus dem Fahrfluss heraus erfolgen muss. Es geht hier allein darum, sich vor dem Hindernis zu beugen und die Arme an der Kante impulsiv zu strecken. Im Bild unten sieht man die starke Armbeugung als Auftaktbewegung besonders gut.

Vorstufe zum Droppen: Vorderrad anheben an der Kante

Bunny-Hop

Genau hier beginnt die höhere Schule des Mountainbikens: Wer den Bunny-Hop beherrscht, springt locker auch bei voller Fahrt über Äste und macht ordentlich Eindruck. Um die relativ komplexe Bewegung zu lernen, zerlegt man sie am besten in zwei Phasen. Das Gute: Auch wenn es nicht auf Anhieb funktioniert mit dem Bunny-Hop, können Sie jede einzelne Stufe der Bewegung im Gelände anwenden.

Vorderrad anziehen: Fahren Sie in der Grundposition in der Ebene. Beugen Sie die Ellenbogen und führen die Brust Richtung Lenker. Nun gehen Sie in die Streckung und ziehen das Vorderrad dabei hoch.

Hinterrad anheben: Versuchen Sie zuerst einmal, das Hinterrad im Stand anzuheben. Sie müssen dabei zwischen Lenker und Pedal eine gewisse Körperspannung aufbauen.

Der Bunny-Hop ist kein Angeber-Trick

Er stellt die beste Möglichkeit dar, Hindernisse zu überqueren. Die Flugphase ist dabei nämlich so gering, wie überhaupt möglich.

Das bedeutet, dass das Vorderrad bereits kurz nach dem Hindernis sofort wieder Steuer- und Bremsimpulse übertragen kann.

Nun versuchen Sie das Gleiche während der Fahrt. **Tipp:** Das Hinterrad bewegt sich leichter gen Himmel, wenn Sie Ihren Schwerpunkt kurz nach vorn verlagern.

Am höchsten Punkt der wellenförmigen Flugkurve bringen Sie Hüfte und Schulter nach vorn. So senkt sich das Vorderrad kontrolliert ab. **Glückwunsch!**

Lexikon

Im Lauf der Jahrzehnte hat sich in der Welt des Mountainbikens ein eigener, internationaler Jargon entwickelt. Hinzu kommen eine Menge englischer und deutscher Fachausdrücke aus dem Rahmenbau, die nicht immer selbsterklärend sind. Hier die Stolperfallen der Bikersprache.

Technik

650B
Technische Bezeichnung für die
Laufradgröße 27,5 Zoll.

All-Mountain
Tourentaugliches Mountainbike,
s. S. 40–49.

All-Mountain-Plus
Auch kurz AM+. Tourenbike mit mehr
Federweg als ein gewöhnliches
All-Mountain, s. S. 48.

All-Mountain-Sport
Tourentaugliches, leichtes Mountainbike, das auch für Marathonrennen
benutzt werden kann, s. S. 42–45.

Ausfallende
Teil des Rahmens oder der Gabel, der
das Laufrad aufnimmt.

Bärentatze
Zackig profiliertes Pedal für guten
Halt der Schuhsohle. Auch Flat-Pedal
genannt.

Bashguard
Schutzring oberhalb des großen Ket-
tenblatts, der Beschädigungen beim
Aufsetzen vermeiden hilft.

Bowdenzüge
Drahtseile, mit denen Schaltung und
Bremsen angesteuert werden.

Chain-Suck
Leidiges Phänomen bei Schaltvorgän-
gen: Die Kette fällt vom kleinen Kettenblatt herab und verklemmt sich zwischen Kettenblättern und Rahmen.

Cleat
Metallplatte, die ein Klickpedal mit einem entsprechenden Schuh verbindet.

Dämpfer
Federbein, das das Hinterrad ansteuert.

Dämpfung
Konterpart der Federung. Zuständig für
kontrolliertes Zurückfedern, was meist
mithilfe von Öl geschieht.

Dirtbike
Mountainbike, das zum Springen auf
Dirt-Jumps gut geeignet ist, s. S. 58.

Doppelbrückengabel
Federgabel, die sich ober- und unterhalb des Steuerrohrs am Rahmen
abstützt. Vom Motorrad übernommene
Bauweise.

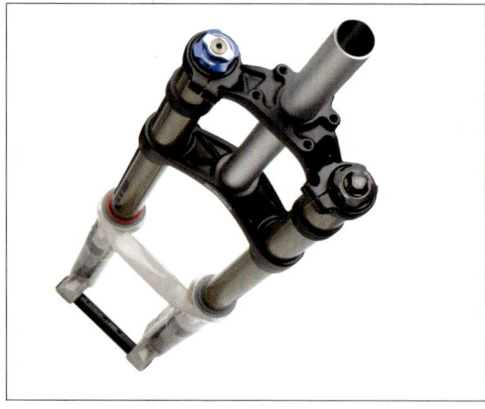

Double Butted
Zweimalige Veränderung der Rohr-
wandstärke.

Drahtreifen
Reifen, dessen Wulst einen Drahtkern
enthält. Standard-Ausführung.

Drehpunkt
Hauptlager einer Federungsschwinge
im Rahmen.

Druckpunkt
Fühlbarer Berührungspunkt der
Bremsbeläge mit Scheibe oder Felge.

Druckstufe
Der für das Einfedern zuständige Teil
der Dämpfung. Eine starke Druckstufe
erschwert das Einfedern, indem sie das
Losbrechmoment erhöht.

Dual Compound
Einsatz zweier verschiedener Gummi-
mischungen, meist beim Aufbau eines
Reifens.

Durchschlag
Ursache für einen Plattfuß. Trifft der
Reifen auf eine harte Kante, wird er so
stark zusammengestaucht, dass die
Felge den Schlauch zerschneidet.

Fahrwerk
Gesamtheit aus Federgabel, Rahmen
mit Federschwinge und Dämpfer.

Faltreifen
Reifen, der faltbar ist, weil sein Wulst
keinen Stahlring, sondern flexibles
Kevlarband enthält. Leichtere Bauweise
als Drahtreifen.

Fatty / Fatbike
Bike mit Reifen ab 4,0 Zoll Breite,
s. S. 64–67.

Federgabel
Aufnahme für das Vorderrad, die ein
Federungs- und Dämpfungssystem
enthält. Dadurch wird das Vorderrad in
seiner Vertikalbewegung kontrolliert.

Federung
Konterpart der Dämpfung. Zuständig
für die Reaktion von Vorder- oder Hinterrad auf Stöße.

Federweg
Distanz (in der Regel zwischen 8 und
20 cm), die ein Federbein einsinken
kann.

Fixie
Singlespeed-Bike ohne Freilauf.

Flat-Pedal
Siehe Bärentatze.

Freilauf
Vorrichtung, die die Kraftübertragung
der Kette auf das Hinterrad nur in
Fahrtrichtung erlaubt. Beim Rückwärts-
treten ist die Verbindung frei.

Fullface
Helm mit Kinnbügel, der vollen Ge-
sichtsschutz gewährleistet.

Fully
(Kurzform von: Full-Suspension-Bike).
Vollgefedertes Mountainbike.

Hardtail
Mountainbike mit starrem, ungefeder-
tem Rahmen.

Hinterbau
Das hintere, kleinere Rahmendreieck, in dem das Hinterrad steckt. Bei vollgefederten Rädern über den Dämpfer schwebend mit dem Hauptrahmen verbunden.

Horst-Link
Drehpunkt an einem Viergelenks-Hinterbau, benannt nach seinem Erfinder Horst Leitner. Das Horst-Link liegt zwischen Tretlager und Ausfallende und entkoppelt die Federung vom Antrieb.

Hydro-Forming
Fertigungstechnik, bei der Metall mithilfe von Öl in Form gebracht wird. Ergibt komplexe, hohlgeformte Bauteile.

Hysterese
Physikalische Kurve, die die Bremskraft einer Bremse im Verhältnis zur Handkraft am Bremshebel darstellt.

Innenlager
Lagerpatrone mit Stahl- oder Aluachse, auf der sich die Tretkurbeln drehen.

Inverse-Shifting
Marketing-Begriff der Firma Shimano. Wird für Schaltwerke mit umgekehrter Schaltlogik verwendet.

Karkasse
Das „Skelett" eines Reifens. Die Karkasse ist eine Gewebematte, auf die der Gummi aufgetragen wird.

Kassette
In einem Block auf die Hinterradnabe aufsteckbare Ritzel (meist 9–11).

Kennlinie
Physikalische Kurve, die den Federweg eines Federbeins im Verhältnis zur Kraft der Schläge darstellt.

Kettenblätter
Zahnräder an der Tretkurbel. Bei Mountainbikes ein bis drei Stück.

Kinematik
Die Konstruktion eines gefederten Hinterbaus.

Konifizierung
Veränderung der Materialstärke eines Rahmenrohrs. An weniger belasteten Stellen sind die Rohre dünner, an den Enden dicker.

Lockout
Dämpfungseinstellung, die das Blockieren der Federung bewirkt. Verhindert das Wippen des Fahrwerks beim Hochfahren.

Losbrechmoment
Kraft, die benötigt wird, um die Anfangsreibung eines Federbeins zu überwinden.

Monocoque
Bauteil aus einem Guss, ohne Schweiß- oder Klebenähte. Vor allem im Carbon-Rahmenbau realisiert.

Negativfederweg
Der Federweg, um den ein Fahrwerk beim Aufsitzen des Fahrers eintaucht.

Q-Faktor
Maß für den Abstand der beiden Tretkurbeln voneinander.

Radstand
Maß für die Länge eines Fahrrads, gemessen zwischen den beiden Laufradachsen, s. S. 29.

Rapidfire
Schalthebelsystem, das von Shimano im Jahre 1989 eingeführt wurde. Der Daumen schaltet hoch, der Zeigefinger hinab.

Reach
Effektive Oberrohrlänge. Gemessen wird sie von der Senkrechten durch das Tretlager bis zur Mitte des Steuersatzes, s. S. 29.

Rebound
Siehe Zugstufe.

Remote Control
Fernbedienung von Federelementen oder der Sattelstütze vom Lenker aus.

Riserbar
Lenker mit leichter Kröpfung, sodass

die Lenkerenden etwas höher liegen als der Mittelbereich.

Ritzel
Parallel angeordnete, unterschiedlich große Zahnräder am Hinterrad. Bis zu 11 Stück bilden eine Kassette (s. dort).

Sag
Sprich: „Säg". Vgl. Negativfederweg.

Sattelstütze
Rohr, das den Sattel mit dem Rahmen verbindet. Meist aus Aluminium, aber auch aus Carbon.

Schaltauge
Teil des Hinterbaus, an dem das Schaltwerk befestigt ist. Meist an den Rahmen angeschraubt. Das erleichtert die Reparatur im Falle eines Sturzes.

Schaltkäfig
Teil des Schaltwerks, an dem die beiden Schaltröllchen sitzen, über die die Kette geführt wird.

Schaltwerk
Hinterer Teil der Schaltung, der die Kette über die Ritzel wandern lässt.

Schnellspanner

Schnell lösbares Befestigungsteil, dass die Laufräder in Rahmen und Gabel fixiert.

Shadow
Marketingbegriff der Firma Shimano, den diese für gebremste Schaltkäfige verwendet. Damit wird die Kette straff gehalten, um zu verhindern, dass sie abspringt. Auch SRAM verwendet eine solche Technik.

Singlecrown
(Feder-)Gabel mit einer einfachen Gabelbrücke, vgl. Doppelbrückengabel.

Singlespeed
Fahrrad mit einem einzigen Gang, vgl. Fixie.

Snakebite
Englischer Ausdruck für einen Reifen-
durchschlag. Die zwei Löcher, die die
Felge auf dem durchstoßenen Schlauch
hinterlässt, ähneln einem Schlangen-
biss.

SPD
Kürzel für „Shimano Pedaling Dy-
namic", das Klickpedalsystem von
Shimano.

Stack
Effektive Bauhöhe. Der vertikale Ab-
stand zwischen Tretlagerachse und
Lenkkopfachse, s. S. 29.

Steckachse
Verschraubte Aufnahme von Laufrädern
in Gabeln oder Rahmen.

Steuerkopf
Vorderer Teil des Rahmens, in dem
sich die Gabel dreht. In den Steuerkopf
werden die Lager des Steuersatzes
eingeschlagen.

Steuersatz
Kugellager, auf dem sich die Gabel
drehen kann. In den Steuerkopf eingeschlagen.

Trailbike
Meist in Nordamerika verwendeter
Begriff für All-Mountain-, gelegentlich
aber auch für Dirt-Bikes.

Tretlager
Gesamtheit aus den Tretkurbeln und
dem im Rahmen montierten Innenlager.

Trialbike
Für Trialfahren optimiertes Fahrrad mit
extrem kompaktem Rahmen; häufig
24 Zoll, höchstens 26 Zoll.

Tripple Butted
Dreimalige Veränderung der Rohrwand-
stärke.

Tubeless
Kombination aus Felge und Reifen, die
keinen Schlauch erfordert.

Twentyniner
Amerikanische Bezeichnung für Fahr-
räder mit 29-Zoll-Laufrädern.

Umwerfer
Vorderer Teil der Schaltung, der die Kette über die Kettenblätter wandern lässt.

Upside-Down-Gabel
Seltener Federgabeltyp, bei dem
Stand- und Tauchrohre vertauscht sind.

UST
Standard für Schlauchreifen-Systeme,
initiiert vom Felgenhersteller Mavic.
Kürzel für „Universal Système tubeless".

Vario-Sattelstütze
Sattelstütze, die während der Fahrt ab-
senkbar ist. Meist hydraulisch, mit einer
am Lenker montierten Fernbedienung.

Vorbau
Verbindungsteil zwischen Lenker und
Gabel.

Zahnkranz
Gleichbedeutend mit Ritzel.

Zoll
Längenmaß aus dem englischen
Sprachraum, das 2,54 Zentimetern
entspricht.

Zugstufe
Die Einstellung der Dämpfung (an Federgabel oder -bein), die das Ausfedern
kontrolliert. Auch Rebound.

Fahren im Gelände

AM
Abkürzung für „All-Mountain".

Anlieger
Kurve mit erhöhtem Kurvenrand für höhere Geschwindigkeit. Auch Steilkurven sind Anlieger.

Bikepark
Areal mit speziell für Mountainbiker präparierten Strecken. Meist mit Lift.

Bikercross
Mit künstlichen Hindernissen (Tables, Doubles, Anlieger) präparierte Piste. Meist auf ebenem, sandigem Untergrund. Geeignet für Rennen mit mehreren (bis zu vier) Fahrern.

Bunny-Hop
Sprung, mit dem man kleinere Hindernisse überfliegt, indem man zuerst das Vorderrad, dann das Hinterrad lupft.

CC
Abkürzung für „Cross-Country".

DH
Abkürzung für „Downhill".

Dirt-Jumps
Hügel aus lehmiger Erde, die in mühsamer Handarbeit für das Befahren mit Fahrrädern präpariert wurden. Meist Doubles, seltener Tables (s. dort).

Double
Sprungkombination, bestehend aus Absprung- und Landehügel. Zwischen den Hügeln liegt ein mehr oder weniger großer Graben (ca. 1–30 m).

Doubletrack
Breiterer Weg mit zwei parallelen Fahrspuren, z. B. Feldweg.

Downhill
Präparierte und meist abgesicherte Strecke, auf der Abfahrtsrennen ausgetragen werden. Die Streckenführung ist auf hohe Geschwindigkeiten ausgelegt, jedoch auch mit technischen Hindernissen, Schikanen und Sprüngen gespickt.

Drop
Natürlicher oder präparierter Sprung von einer Kante.

Enduro
Rennformat, bei dem auf mehreren Etappen die Bergabzeiten gewertet werden. Zugleich: Mountainbike, das auf diesen Sport ausgelegt ist, s. S. 50–53.

Faceplant
Sturz, bei dem das Gesicht in Mitleidenschaft gezogen wird.

Flowtrail
Präparierte Abfahrtsstrecke (500–5000 m), die anfängertauglich ist, aber auch guten Fahrern viel Fahrspaß bietet.

Footplant
Manöver bei Freeride, Dirt oder Street, bei dem der Fahrer sich im Flug mit dem Fuß von einem Hindernis abstößt.

Fourcross
Gleichbedeutend mit Bikercross. Fourcross meint aber auch die Renndisziplin, die auf einem Bikercross ausgetragen wird.

Freecross
Rennen, dass auf einer Bikercross-ähnlichen Strecke ausgetragen wird. Ein Freecross ist meist jedoch länger und lässt mehr als vier Starter zu.

Freeride (Abk. FR)
Bergab-orientiertes Fahren, meist mit Schutzausrüstung, jedoch nicht auf Wettkampfstrecken wie beim Downhill. Entweder im freien Gelände oder im Bikepark.

Gravity
Szenejargon für alles, was bergab geht. Meist ist eine der folgenden Disziplinen gemeint: Downhill, Freeride, Enduro, Slopestyle.

Manual
Fahren im Stehen auf dem Hinterrad. Das Gleichgewicht wird allein durch die Hinterradbremse („manuell") gehalten.

Northshore
Waldareal im Norden der kanadischen Metropole Vancouver. Die Trails in diesem Regenwald sind mit Holzhindernissen gespickt. Mittlerweile ist „Northshore" zum Synonym für künstlich gebaute Holzhindernisse geworden.

Nose-Wheelie
Lupfen des Hinterrads, sodass man kurzzeitig allein auf dem Vorderrad rollt.

Pumptrack
Kurzer Parcours aus Erde, Asphalt oder Holz mit vielen Wellen, Anliegern und kleinen Sprüngen. Ziel ist es, sich ohne zu treten möglichst schnell darauf fortzubewegen.

Rooky Marks
Schwarze, fettige Abdrücke von Kette oder Kettenblatt auf Radlerwaden (meist am rechten Bein).

Singletrail
Englischer Ausdruck für einspurige, schmale Wege, also z. B. Trampelpfade. Auch: Singletrack.

Slopestyle
Spielart des Mountainbikens, bei der auf abschüssigen Strecken Sprünge mit möglichst beeindruckenden Tricks absolviert werden.

Table
Sprunghügel („Tisch") mit Absprung- und Landeteil. Die Landung ist auch auf einem Mittelstück möglich. Weniger riskant als ein Double.

Trail
Englischer Ausdruck für Wege, speziell solche, die für Biker reizvoll sind.

Trailcenter
Gebiet mit einem Netz von MTB-Trails, die teilweise auch präpariert sind. Im Gegensatz zum Bikepark ist man in Trailcentern auf die eigene Muskelkraft beim Bergauffahren angewiesen. Eine spezifische Form sind Flowtrails (siehe dort).

Transalp
Gängiger Begriff für eine Alpenüberquerung per Mountainbike. Auch Synonym für die BIKE Transalp Challenge, das jährliche Rennen über die Alpen.

Trial
Spezialdisziplin im Radsport. Befahren von künstlichen oder natürlichen Hindernissen mit geringer Geschwindigkeit und speziellen Fahrrädern.

Wallride
Fahren in einer natürlichen oder präparierten Steilwand. Auch: leicht abgeschrägte Holzwand, die sich mit entsprechender Geschwindigkeit befahren lässt.

Wheelie
Fahren auf dem Hinterrad im Sitzen.

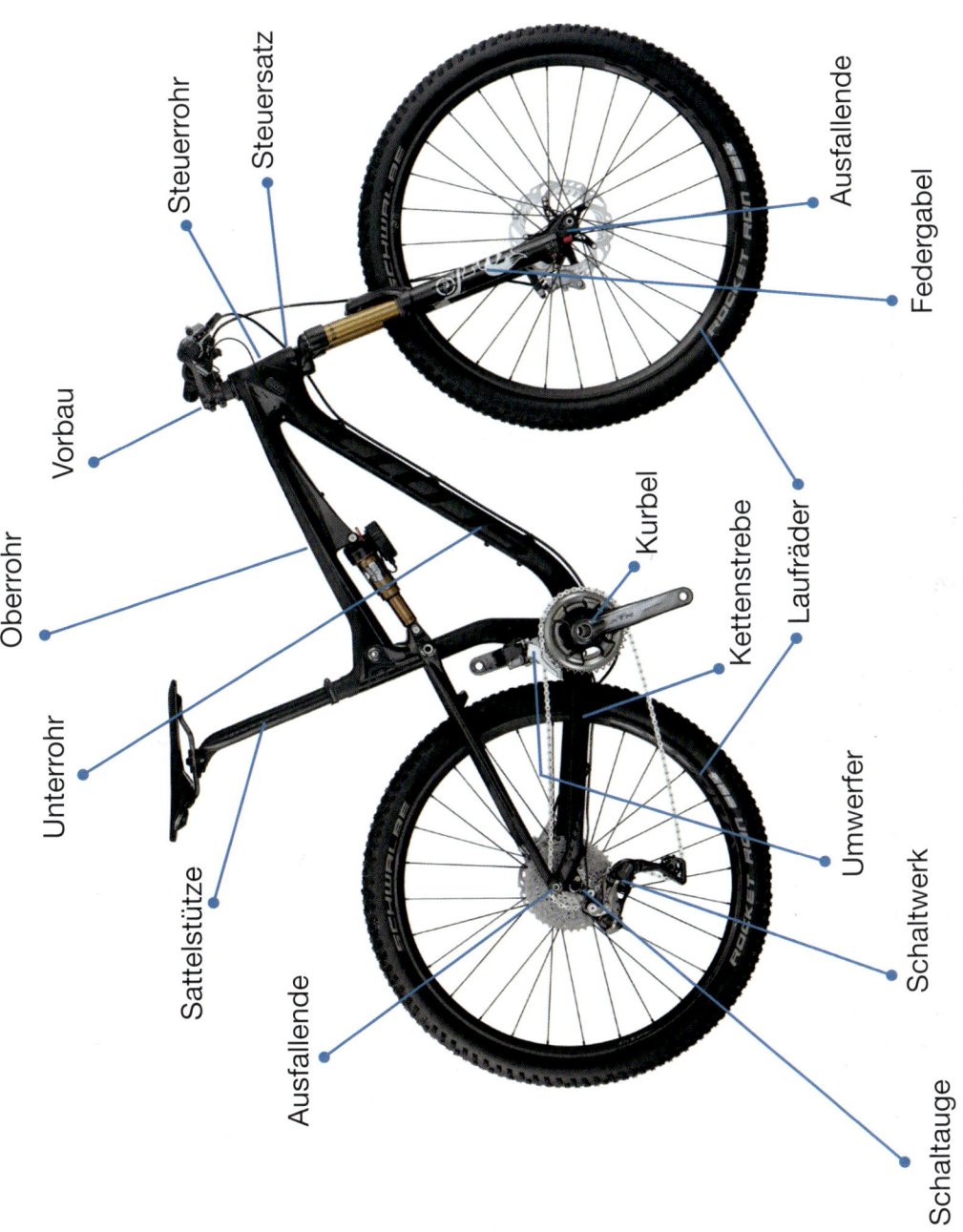

Steuerrohr

Steuersatz

Ausfallende

Federgabel

Vorbau

Oberrohr

Kurbel

Laufräder

Kettenstrebe

Unterrohr

Umwerfer

Sattelstütze

Schaltwerk

Ausfallende

Schaltauge

Florian Haymann

Jahrgang 1978, begann 1990 mit dem Radfahren im Gelände und sammelte Rennerfahrung in allen Disziplinen, vom CC bis DH. Nach seinem Volontariat arbeitete er als Redakteur bei BIKE, bevor er das Magazin FREERIDE mitkonzipierte. Wenn er sich nicht – als promovierter Historiker – dem Kunsthandel widmet, vermittelt Haymann Fahrtechnik bei der MTB-Academy (nähere Info: www.mtb-academy.de).

Der Autor dankt Nora Henneck für Korrekturen und Christiane Graf für die exzellente redaktionelle Arbeit.

Bildnachweis:
S. 4/5: CSG/Cannondale; S. 6/7: CSG/Cannondale; S. 8/9: CSG/GT; S. 10/11: Sven Martin / SRAM; S. 12/13: CSG / GT; S. 14/15: CSG / Cannondale; S. 22: CSG/GT; S. 30–32: Daniel Simon; S. 33: CSG/GT Bicycles; S. 34/35: Michal Cerveny / Canyon; S. 38: SCOTT / Nick Muzik; S. 39: Dennis Stratmann; S. 40/41: Markus Greber / Canyon; S. 46/47: CSG/GT Bicycles; S. 49: CSG/ Cannondale; S. 50/51: Jérémie Reuiller / Canyon; S. 53: Dennis Stratmann; S. 54/55: CSG/Mongoose; S. 57: Markus Greber / Canyon; S. 59: Christiane Graf; S. 60/61: Markus Greber / Canyon; S. 63: SCOTT / Christoph Laue; S. 64/65: CSG/ Mongoose; S. 68/69: Giant; S. 74/75: RTI Sports; S. 78: CSG / GT; S. 84/85: CSG / GT; S. 86–99: Daniel Simon; S. 100–113: Franz Faltermaier / Wolfgang Watzke; S. 124: CSG / Cannondale; S. 125: Hoshi Yoshida Sämtliche Produktfotos: Hersteller

Bibliografische Information der Deutschen Nationalbibliothek
Die Deutsche Nationalbibliothek verzeichnet diese Publikation in der Deutschen Nationalbibliografie; detaillierte bibliografische Daten sind im Internet über http://dnb.dnb.de abrufbar.

1. Auflage
ISBN 978-3-667-10300-0
© Delius Klasing & Co. KG, Bielefeld

Redaktion: Christiane Graf | ck226.de
Umschlaggestaltung: Felix Kempf, www.fx68.de
Illustrationen, Grafik & Layout:
Christiane Graf | ck226.de
Reproduktionen: Mohn Media, Gütersloh
Druck: Print Consult, München
Printed in Slovakia 2015

Delius Klasing Verlag
Siekerwall 21, D-33602 Bielefeld,
Tel.: 0521/559-0, Fax: 0521/559-115
E-Mail: info@delius-klasing.de
www.delius-klasing.de

Armin Herb / Daniel Simon
Die schönsten Hüttentouren für Mountainbiker
160 Seiten
ISBN 978-3-667-10140-2

Die Reiseredakteure Armin Herb und Daniel Simon stellen in diesem Buch die 15 schönsten Routen in den Alpen vor. Alle eignen sich als Zweitagestour mit Übernachtung auf der Hütte, oft lassen sie sich zu längeren Touren kombinieren.

Die Strecken sind jeweils zwischen 60 und 90 Kilometern lang, dabei sind 1900 bis 2900 Höhenmeter zu bewältigen. Die Routenbeschreibungen enthalten Informationen zu Hütten und Fahrstrecke, Höhenprofile sowie Highlights auf dem Weg. Die GPS-Daten zu den jeweiligen Touren stehen zum kostenlosen Download bereit.

Erhältlich im Buch- und Fachhandel oder unter www.delius-klasing.de